トコトンやさしい

表面処理の本 新版

「美しく」「硬く」「長もちさせる」などいろいろな機能を付与できるのが表面処理の特徴です。社会の多様化に即して技術開発や事業化が日進月歩で進んでいます。

東京都立産業技術研究センター

B&Tブックス
日刊工業新聞社

はじめに

表面処理は、人類とともに歩み、成長してきたと言っても過言ではありません。有史以来、めっきや漆、塗装などが施された装飾品や鉄器がいくつも発掘され、中には縄文時代の発掘品も存在するほどです。日本では明治維新以前まで、表面処理は地場産業として発展してきました。

表面処理が工業として全国的に利用され始めたのは、明治維新以降と考えられています。第2次世界大戦以降、製品や部品に対して表面処理を施すことが一般的になり始めます。この頃より、各処理技術に関する多くの工業組合や工業会が設立されるようになりました。経済産業省の工業統計調査や生産動態統計によると、現在の表面処理に関する受託加工市場は年間数兆円規模に達し、日本の基幹産業の一つに成長しています。

工業としての表面処理が躍進している大きな理由は、「いろいろな機能を付与できること」と言えます。一口に表面処理と言っても、その方法や分類は広範にわたります。一方でその広範にわたる選択肢、すなわち多種多様な処理方法や機能付与が製品の多様性を拡張し、表面処理の有用性を高める一因になっていると理解できます。

これまでの表面処理は、大量生産を前提に発展してきました。ところが、最近の社会の多様化、急激な変化に伴い、多品種少量生産を想定した研究技術開発や実用化・事業化が増えつつあります。多品種少量生産の場合は当然、処理コストが割高になります。にもかかわらず、実用化・事業化につながっているということは、コストに見合うだけの機能を付与できる、すなわち表面処理技術が日進月歩で進化している証左と言えるでしょう。

「トコトンやさしい表面処理の本」は、もともとは仁平宣弘先生が2009年にご執筆された書籍です。このたび、書籍の改訂について(地独)東京都立産業技術研究センターに打診があり、引き受けることになりました。仁平先生は、退職される前は当センターの職員として仕事に携わっておられました。その折の知識や経験を活かして書籍を執筆した、と伺っております。今回の改訂では、仁平先生のご執筆内容を可能な限り反映しつつ、最近の技術変遷に合わせて追記する形で、手を加えるよう心掛けております。

本書は、これから表面処理を利用しようと考えている方々、表面処理に興味を持っておられる方々を想定し、できるだけわかりやすく丁寧に解説したつもりです。また、社会の多様化、急激な変化に対応できるよう、第2章から第6章において可能な限り多くの表面処理法を紹介しています。さらに、第7章において表面処理品に対する代表的な分析評価法を紹介しています。

初めて本書を手に取られる方、すでに仁平先生の書籍を読まれた方、いずれの方々にとっても有意義な図書となれば幸いです。本書をご活用いただけることを祈念しつつ、冒頭のご挨拶とさせていただきます。

2023年 8月

(地独)東京都立産業技術研究センター
「トコトンやさしい表面処理の本」編集委員会

トコトンやさしい

表面処理の本

新版

目次

CONTENTS

第1章 表面処理とその基礎を知ろう

第2章 仕上がりを左右する前処理

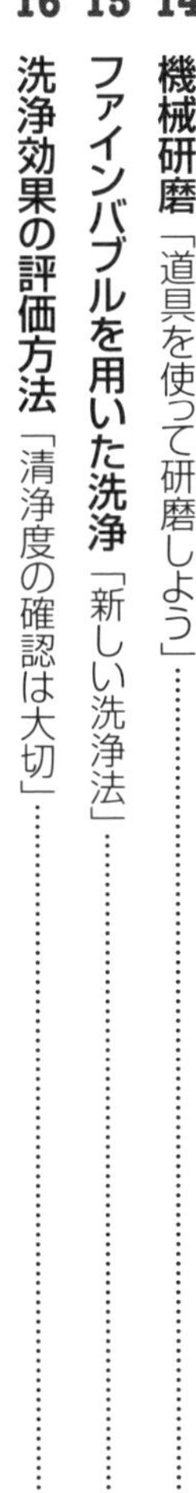

第3章 寿命を延ばすためのめっき

第4章
美観を保護する塗装

第5章
薄くて硬いドライコーティング

第6章 表面熱処理で基材にひと工夫を

第7章 表面を正しく評価する

【コラム】

第1章

表面処理とその基礎を知ろう

1 表面処理とは

いろいろな表面処理

表面処理は、材料表面を何らかの方法で処理加工し、表面特性を改変する、もしくは新たな特性や機能を付与する方法です。製品の設計仕様に応じて、求める特性や機能を決定しますが、必ずしも基材の特性・機能だけで、求める特性を満足できるわけではありません。そこで、求める特性を満足するための手段として、表面処理を採用します。表面処理の加工方法は、除去加工と付加加工の2つに分類できます。

除去加工は、材料表面の付着物もしくは材料そのものを削る方法で、付加加工のための前処理として利用することもあります。除去加工に分類できる表面処理の種類として、洗浄、研磨、エッチングなどが挙げられます。

付加加工は表面の特定部分の組成、構造などを改変する方法、表面の特定部分を異種／同種材料で付加的に被覆する方法で、多岐にわたります。加工現象の違いにより、以下の5つに大別できます。

初めは構造を変えることで改善する方法で、高周波焼入れなどが該当します。表面組成は変わりませんが、急速加熱冷却された表面のみ硬化する(構造変化する)ことで耐摩耗性が向上します。

続いて、同一／異元素の注入・含浸などで組成・構造の変化により改善する方法で、浸炭処理や窒化処理などが該当します。同一／異元素が拡散浸透することで表面の耐摩耗性、耐疲労性が向上します。

3番目は化学反応物を生成することで改善する方法で、化成処理などが該当します。陽極酸化は酸化物層を形成し、耐摩耗性や耐食性が向上します。

4番目は基材と異なる処理層を形成することで改善する方法で、該当する表面処理の種類が最も多く、めっきや塗装、PVDなどが該当します。

最後は、基材と異なる処理層を形成し、基材との境界で元素の拡散を生じることにより改善する方法で、溶融亜鉛めっきや熱CVDなどが該当します。

要点BOX

- ●表面処理は除去加工と付加加工に分類できる
- ●除去加工には洗浄、研磨、エッチングがある
- ●付加加工は、加工現象により5つに分かれる

表面処理における改質形態

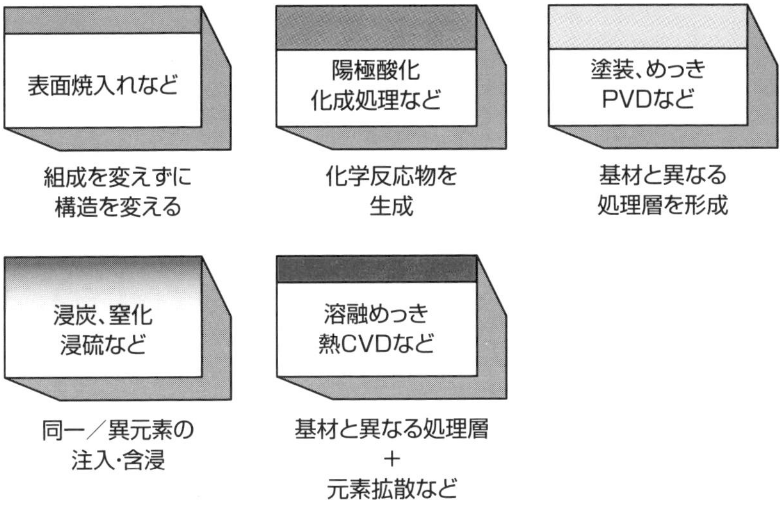

表面焼入れなど

組成を変えずに
構造を変える

陽極酸化
化成処理など

化学反応物を
生成

塗装、めっき
PVDなど

基材と異なる
処理層を形成

浸炭、窒化
浸硫など

同一／異元素の
注入･含浸

溶融めっき
熱CVDなど

基材と異なる処理層
＋
元素拡散など

表面処理の自動車部品への適用例

部品	基材	表面処理の種類		表面処理の目的
車体	鋼板、アルミ合金	リン酸系化成処理、電着塗装(カチオン塗装)		塗装前処理、防錆
		焼付け塗装、クリヤ塗装		防錆、装飾、防塵
ホイール	アルミ合金、ステンレス鋼	バフ研磨、陽極酸化、染色処理		耐食性、耐摩耗性、装飾
トランスミッションギア	低炭素鋼、低合金鋼	浸炭焼入れ、浸硫、ショットピーニング		耐摩耗性、耐疲労性
ボルト、ナット	低合金鋼、ステンレス鋼	黒染、リン酸系化成処理、亜鉛めっき		耐食性、耐焼付性
ピストン	アルミ合金	粒子分散ニッケル-リンめっき、クラッディング(Coなど)		耐摩耗性、耐焼付性
ピストンリング	鋳鉄	硬質クロムめっき、溶射(Moなど)	リン酸系化成処理	耐焼付性、耐摩耗性
	ステンレス鋼	窒化、イオンプレーティング(CrN)		
シリンダ壁	鋳鉄	窒化、レーザ焼入れ		耐焼付性、耐摩耗性
	アルミ合金	粒子分散ニッケル-リンめっき		
クランクシャフト	鋳鉄、炭素鋼、低合金鋼	高周波焼入れ、軟窒化		耐摩耗性、耐焼付性
カム	鋳鉄	高周波焼入れ、軟窒化、浸硫	リン酸系化成処理	耐摩耗性、耐ピッチング性
	炭素鋼、低合金鋼	浸炭焼入れ、高周波焼入れ		
ロッカアーム	鋳鉄、鋳鋼	レーザ溶融、リン酸系化成処理		耐摩耗性、耐ピッチング性
タペットシム	低炭素鋼、低合金鋼	浸炭焼入れ、イオンプレーティング、リン酸系化成処理		耐摩耗性、耐ピッチング性
バルブ	耐熱鋼、チタン合金	クラッディング(Coなど)、溶射(Moなど)		耐摩耗性、耐熱性

2 電子とイオンの違い

電子とイオンを理解しよう

すべての物質の基本である原子は、原子核と、その外側で一定の軌道（電子核）を回っている電子で構成されています。原子核は陽子（プラス）と中性子からなり、この陽子の数が各元素の原子番号を示しています。電子（マイナス）の数はこの陽子の数に等しいため、通常の原子は電気的に中性です。

原子核に最も近い最内側の電子核をK核と言い、電子を2個まで保有できます。電子の数が3個以上になると、K核の外側にL核（最大電子数8個）、M核（最大18個）、N核（最大32個）、O核（最大50個）の順に電子核が増えていきます。

原子に何らかの外的エネルギーが加えられると、電子が飛び出します。このとき、陽子の数よりも電子の数が少なくなることから、原子はプラス（＋）の電荷を持つことになります。このプラスの電荷を持つ原子のことを陽（＋）イオン、飛び出した電子のことを自由電子と呼びます。なお、自由電子を受け取った原子はマイナス（－）の電荷を持つことになり、陰（－）イオンと呼びます。

例えば、2種類の不導体物質をこすり合わせたとき、一方の物質から電子が飛び出し、もう一方側に移動します。すなわち、一方はプラスに、もう一方はマイナスに帯電します。これが静電気です。

固体導体物質に電圧を印加した場合、イオンは移動しませんが、プラス極側に向かって自由電子の流れ、すなわち電流が生じます。また液体物質の場合、陽イオンはマイナス極に、陰イオンはプラス極に向かって移動します。この現象を利用した表面処理が電気めっきです。一方、気体物質は不導体であるため、電圧を印加しても通常は何も起こりません。しかし、高電圧を印加すると電子が叩き出されます。この現象を電離現象と言い、気体はプラズマ状態になります。プラズマは多くの表面処理に利用され、4項で詳しく説明します。

- ●電子とイオンの関係
- ●電流は自由電子の流れのこと
- ●電子のやり取りは表面処理の基本

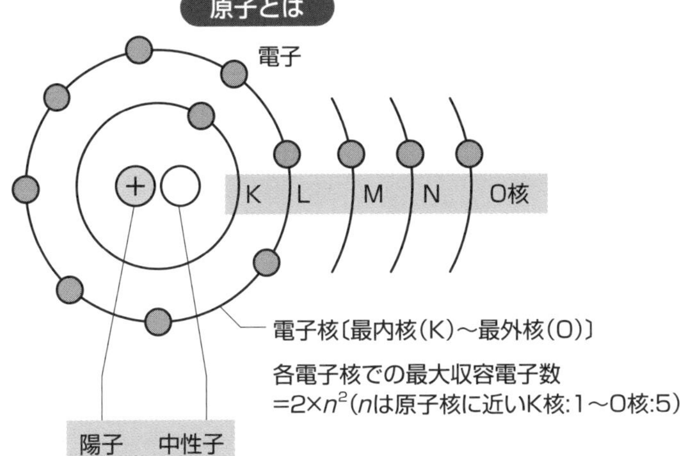
原子とは
電子
K
L
M
N
O核
電子核〔最内核(K)〜最外核(O)〕
各電子核での最大収容電子数
$=2\times n^2$(nは原子核に近いK核:1〜O核:5)
陽子
中性子
原子核〔陽子と同数の中性子とで構成されている〕

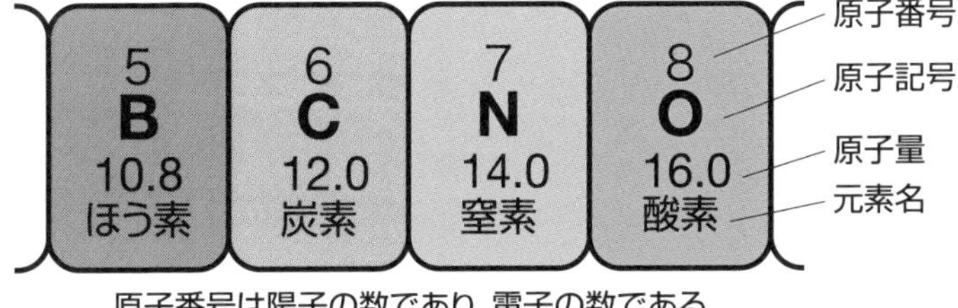
元素〔原子番号5〜8〕の周期表
5
B
10.8
ほう素
6
C
12.0
炭素
7
N
14.0
窒素
8
O
16.0
酸素
原子番号
原子記号
原子量
元素名
原子番号は陽子の数であり、電子の数である

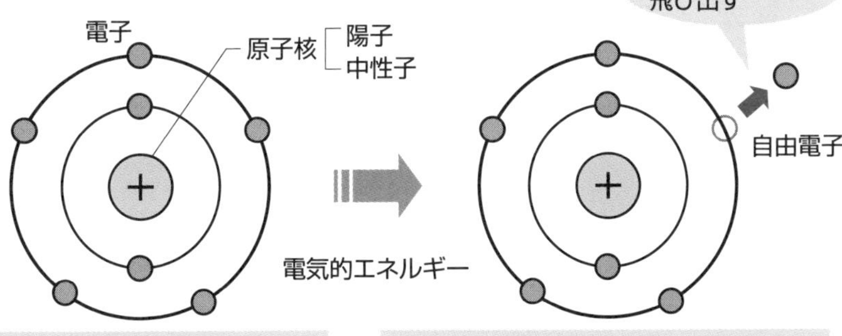
窒素原子と窒素イオン(+)の模式図
最外核の電子が
飛び出す
電子
原子核
陽子
中性子
+
電気的エネルギー
自由電子
〔窒素原子〕
陽子(+):7個
電子(−):7個
中性
〔窒素陽(+)イオン〕
陽子(+):7個
電子(−):6個
(+)

3 真空とは

真空を上手に利用しよう

真空とは、大気圧より低い圧力の空間を指します。また、圧力の程度によって低真空（10^5～10^2 Pa）、中真空（10^2～10^{-1} Pa）、高真空（10^{-1}～10^{-5} Pa）、超高真空（10^{-5} Pa以下）の領域に分類できます。圧力範囲と真空領域の関係についてはJIS Z 8126-1（1999）に規定されています。

一方、圧力は相当不純物量として表すことも可能です。例えば、中真空領域である10^{-1} Paのときの相当不純物量は1・34ppmで、高真空領域である10^{-4} Paのときの相当不純物量は1・34×10^{-3}ppmです。圧力によって分類した領域が量的な真空であるのに対して、相当不純物量によって分類した領域のことを質的な真空と呼びます。

真空は、物質に対して①光輝加熱、②表面清浄、③脱脂、④脱ガス、⑤蒸発などの作用を促進します。その結果、大気圧では到底得られないさまざまな効果をもたらします。そのため、真空を利用した表面処理が多く存在します。

真空を利用する目的として、表面処理に伴う酸化を防止することが挙げられます。酸化防止に対して、超高真空が有利であると言えます。しかし、量的な超高真空を得るためには、真空容器や排気系の気密性を保つことが必要です。また、ターボ分子ポンプやイオンポンプなどが必須となるなど、大幅なコスト増につながる可能性があります。一方、真空を利用した表面処理の中にはプラズマを同時に利用するものが多く存在することから、超高真空よりはむしろ中真空から高真空で処理するのが一般的です。

表面処理に真空を上手に利用するには、量的よりむしろ質的な超高真空をいかに確保し保持できるかが重要です。不活性ガス（Ar、He）や中性ガス（N_2）を併用し、質的な超高真空を確保する方法が常套手段となります。この場合、適度に量的な真空を保ちながら質的な超高真空を達成できます。

要点BOX

●低真空から超高真空までJISで規定化
●圧力の違いは量的な真空に影響する
●相当不純物量の違いは質的な真空に関与

(量的)真空領域の区分 [JIS Z 8126-1]

真空の領域（量的な世界）	圧力の範囲
低真空	10^5〜10^2Pa
中真空	10^2〜10^{-1}Pa
高真空	10^{-1}〜10^{-5}Pa
超高真空	10^{-5}Pa 以下

真空における水の平衡状態

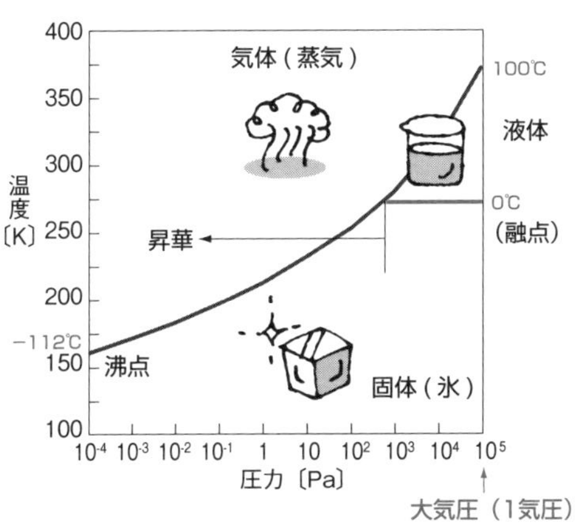

真空における金の平衡状態

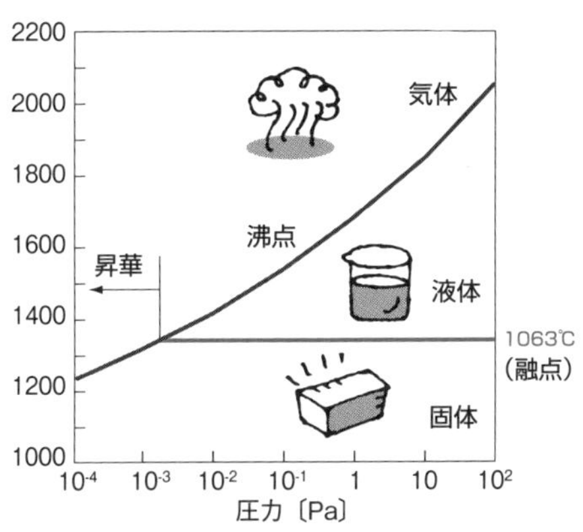

4 プラズマとは

プラズマを上手に利用しよう

プラズマは、気体の電気的放電によって生じるイオンや電子、中性粒子（ラジカル）からなる電離気体のことです。同時に紫外線が発生していることが一般的です。プラズマを利用した表面処理は、イオンや電子、紫外線の作用が寄与すると考えるのが妥当です。

プラズマは、高温プラズマと低温プラズマがあり、表面処理は後者をよく利用します。高温プラズマは熱的に平衡領域のプラズマを指し、アーク放電と呼ばれる状態を意味します。気体温度が1万℃以上に達するため、核融合や金属の溶解・切断など高温を要する分野で利用します。高温プラズマを利用する代表的な表面処理はプラズマ溶射です。数千度の高温を要するセラミックコーティングなどが該当します。

低温プラズマは熱的に非平衡で、高温プラズマと比較して低い圧力下で発生するのが一般的です。気体温度は低い一方で、高エネルギーを持ったイオンや中性粒子が物理的・化学的反応を促進することから、表面処理では広く利用されています。具体的事例として、洗浄やエッチングなどの除去加工分野、PVDやCVDなどの成膜分野、窒化や浸炭処理などの表面熱処理分野などが挙げられます。

低温プラズマの反応促進作用は、処理温度の低温化やコーティングにおける膜種の多様化など、表面処理に対し多くのメリットをもたらします。固体（母材）表面へのイオン衝撃作用やイオンによるマイナス（－）への帯電作用が期待できることから、コーティングにおける皮膜の密着性向上につながると考えられます。

なお、低温プラズマは多種にわたりますが、表面処理が対象の場合、13・56MHzの高周波（RF）プラズマや直流（DC）のグロー放電プラズマをよく利用します。最近は、低温プラズマにパルス制御技術を組み合わせた大気圧プラズマ技術が脚光を浴びています。大気圧プラズマ窒化などが該当します。

要点BOX
●プラズマとは電離気体のこと
●高温プラズマと低温プラズマを利用
●プラズマと真空には深い関わりがある

プラズマの概要

領域全体は中性

CH_x CH_x CH_x CH_x CH_x CH_x

プラズマ化

e^- H^+ C^+ e^- H^+ C^+ e^- H^+ C^+ e^-

放電によるプラズマの発生

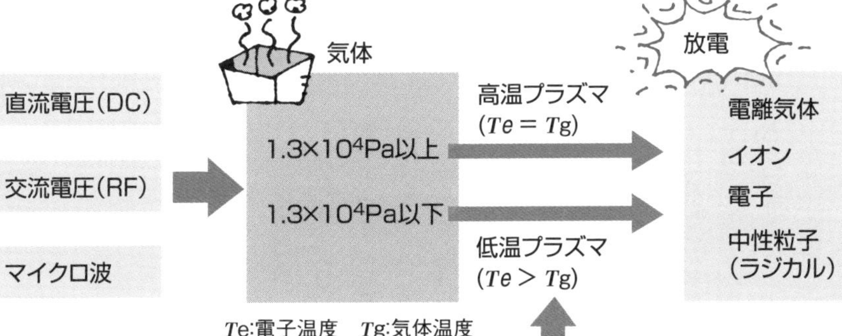

固体の場合(電流)
自由電子が移動

液体の場合(電解)
液体中のイオンが移動

気体の場合(放電)
電子が飛び出す(電離現象)

プラズマの種類とその利用例

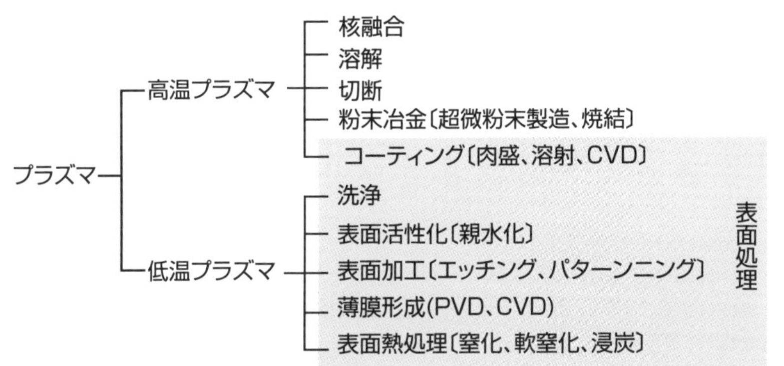

5 電磁波とは

電磁波を上手に利用しよう

電磁波は、電場と磁場の変化を伝搬する「波」であり、物質に電圧印加や高温加熱などの外的エネルギーが作用することで発生します。例えば物質の温度が上昇すると、電磁波の一種である赤外線が放出され、その結果周辺の温度が上昇します。電気コタツや電気コンロはこの赤外線の放射を利用します。

電磁波は、波長領域全体を包含する総称です。電磁波はその波長領域によって分類されており、波長の長い方から電波、赤外線、可視光、紫外線、エックス線（X線）、ガンマ線（γ線）の順になります。実際は、分類された各領域の電磁波とその性質を利用します。表面処理と関わりの深い電磁波は紫外線およびマイクロ波（電波）です。

①紫外線

太陽光に含まれる電磁波で、短い波長領域（100〜380㎚）の光です。表面処理では、光分解反応や光重合反応などを利用します。また、個々の利用目的に応じて重水素ランプ、キセノンランプ、石英低圧ランプなどの人工光源を用います。

②マイクロ波

波長領域（0・1㎜〜1ｍ）の光であり、電波に分類されます。加熱や表面処理には、周波数が2・54GHzのマイクロ波をよく利用します。マイクロ波はガス分子の振動励起を引き起こすため、反応ガスなどの分解・反応促進効果が期待できます。マイクロ波は電子レンジにも採用され、この場合は水分子の振動による発熱作用を利用します。

一方、表面処理ではレーザ光を頻繁に利用します。レーザ光とは人工的につくり出された電磁波で、一定の周波数を持つ平行光線です。レーザ光は平行光線であることから、ミラーによる反射、増幅、集光などが可能です。また大気中だけでなく、水中や真空中などで使用できます。表面処理には炭酸ガスレーザ、YAGレーザ、およびエキシマレーザをよく利用します。

●電磁波とは電場と磁場の変化を伝搬する波
●紫外線とマイクロ波:表面処理で活躍する
●レーザ光は表面処理で利用しやすい

電磁波の波長による分類

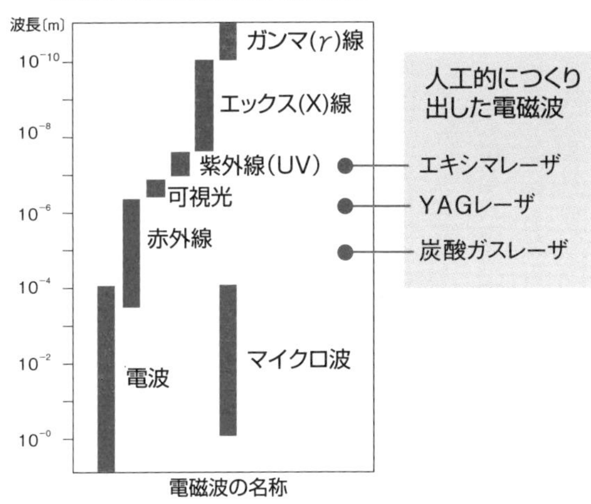

主なレーザの特徴

名称	発振体	波長〔μm〕
CO_2レーザ	CO_2	10.6
YAGレーザ	$Y_3Al_5O_{12}$(+Nd)	1.06
エキシマレーザ	ArF	0.19
	KrF	0.25
	XeCl	0.31

レーザを利用した表面処理

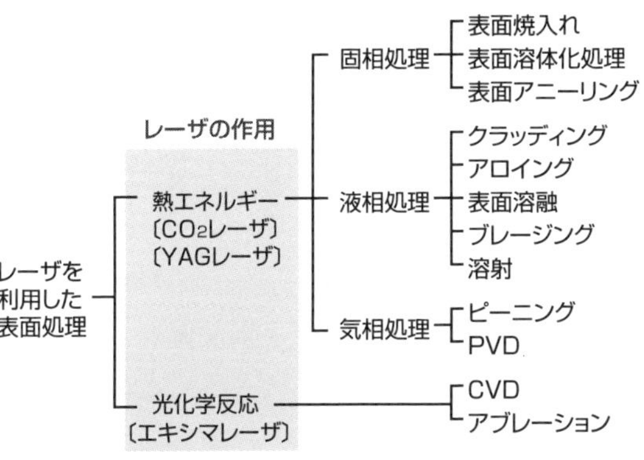

6 表面処理の採用に当たって

表面処理の効果を引き出すには

表面処理を採用するに当たり、既存の製品や部品にそのまま単純に追加採用できる方法、製品や部品を構成している材料を変更しなければならない方法、寸法や形状を変更せざるを得ない方法、前熱処理や後熱処理など作業工程を変更しなければならない方法、表面処理以外の作業工程を追加せざるを得ない方法など、多岐にわたる選択肢が存在します。表面処理を効果的に採用するには、製品や部品の設計段階から留意しておくべきことが非常に多いと言えるでしょう。

一方、付与できる特性はすばらしいものであっても、適用製品や部品との相性の良し悪しや、使用環境や使用条件にマッチング次第で、その効果は半減してしまいます。不適切な表面処理を採用したがために、早期損傷に至った実例も報告されています。

表面処理の効果を最大限引き出すために、次の6項目について十分に留意した上で採用の可否を決定し、適正な表面処理を選定することが肝要です。

①基材と採用したい表面処理との相性はどうか?(固溶体、酸化物、化合物、反応生成物などの生成可否)
②採用したい表面処理の処理工程中に基材の劣化は生じないか?(加熱に伴う軟化、ぜい化、寸法変化、変形など)
③対象製品や部品の表面状態は、採用したい表面処理に適しているか?(表面粗さ、表面の変質や汚染の程度など)
④対象製品や部品の形状は、採用したい表面処理に適しているか?(表面処理必須箇所が細孔内面やすきま側面など)
⑤採用したい表面処理はその対象製品や部品の使用環境、および使用条件に適合しているか?(加熱や処理温度の可否、液体や湿気の可否、電気化学処理の可否、真空処理の可否など)
⑥表面処理の採用で得られる効果はコスト的に過剰品質にならないか、あるいは不足していないか?

要点BOX
- ●表面処理は設計段階から考えるべき
- ●表面処理の効果を最大限引き出すことが重要
- ●熟慮しておきたい6項目

表面処理の採用形態と採用効果

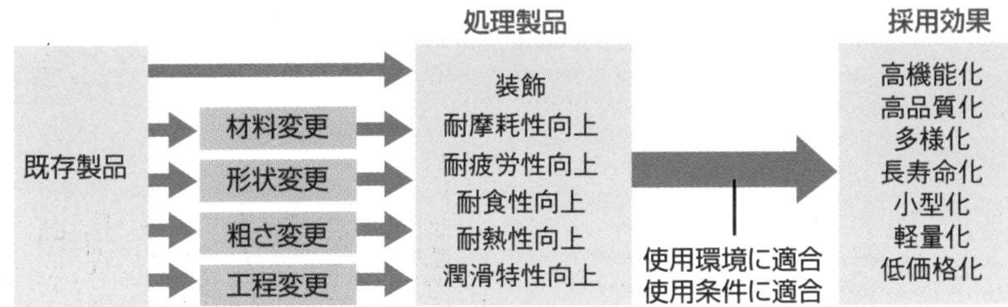

鉄鋼材料に採用されている主な表面処理の特性

分類	名称	処理温度〔℃〕	処理による変形または変寸	複雑形状製品への均一処理	非鉄金属製品への適用	セラミックス製品への適用	プラスチック製品への適用
電気めっき	Znめっき	15～30	○	×	○	×	×
	Crめっき	45～60	○	×	○	×	×
化学めっき	Ni-Pめっき	70～90	○	○	○	○	○
	Ni-Bめっき	60～70	○	○	○	○	○
PVD	真空蒸着	室温～200	○	×	○	○	○
	スパッタリング	室温～500	○	×	○	○	○
	イオンプレーティング	100～500	○	×	○	○	△
CVD	熱CVD	500～1,200	×	○	○	○	×
	プラズマCVD	100～600	○	△	○	○	×
表面熱処理	高周波焼入れ	900～1,200	△	×	×	×	×
	ガス浸炭焼入れ	850～950	×	○	×	×	×
	ガス窒化処理	500～600	○	○	△	×	×
	イオン窒化処理	500～600	○	×	○	×	×
	炭化物被覆	500～1,200	×	○	×	×	×

○：あまり問題ない　×：かなり問題がある　△：問題は少ないが工夫を要する

表面処理対象材料の加熱に伴う軟化抵抗の把握

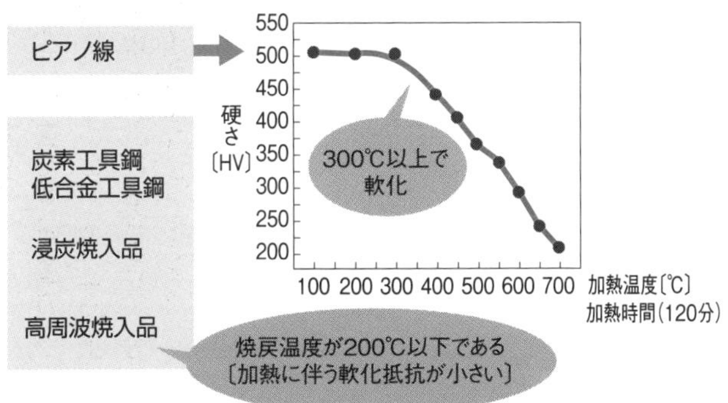

Column

知っておきたい表面張力

表面張力という言葉を一度は聞いたことがあるでしょう。表面処理とは切っても切れない関係にあります。

表面張力は、ファンデルワールス力と呼ばれる分子間力に基づき発生します。分子間力は、分子（原子）間に働く引力／斥力であり、原則として分子（原子）間の距離が縮まる（近づく）ほど引力が強くなります。また、近づき過ぎると斥力が働きます。なお、分子同士の距離がちょうどよい状態を物理吸着、さらに近づき分子同士が電子を共有する状態を化学吸着（化学結合）と呼びます。

さて、図のように分子が密集する状態について考えます。A／B間に働く分子間力により、AはBに引き寄せられます。また、A／C間に働く分子間力により、AはCにも引き寄せられます。結果として引力のバランスは取れており、Aは安定な状態です。一方、最表面のEはDに引き寄せられますが、その引力は内側方向だけあり、Eは不安定な状態です。ここで、Eの近くにFが存在する場合、EはFを引き寄せることで安定になろうとします。このような引力の総和を表面張力と呼びます。つまり、表面は常に不安定な状態で、できるだけ安定な状態になるために分子を引き寄せようとしている、ということです。7・8項でもう少し詳しく触れます。

ちなみに宇宙空間（無重力）で水滴が丸まるのは、水分子同士が引き寄せ合った結果であり、分子間力が働いているからです。

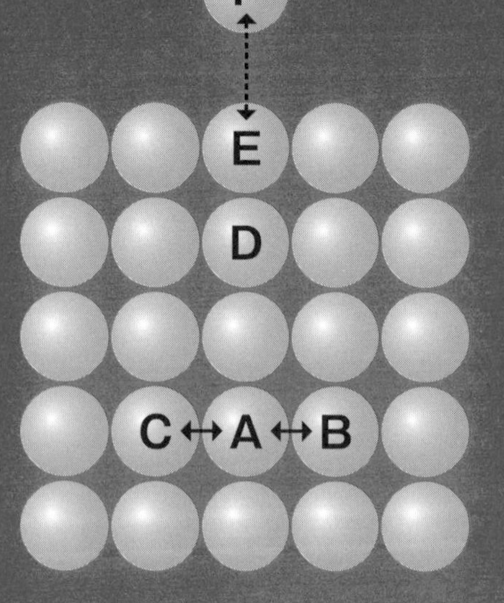

第 2 章

仕上がりを左右する前処理

7 表面処理における洗浄の重要性

必ずやっておくべき前処理

一般に物体が汚れれば、洗浄して使用します。表面処理分野でも、前処理として必ず何らかの洗浄を実施します。どんなに高精度な表面処理であっても、汚れが付着したままでは不具合が生じる可能性を否めません。すなわち、表面処理の良否は、前処理としての洗浄技術が握っていると言っても過言ではありません。

一口に汚れと言っても、その種類や程度は多岐にわたります。汚れの状況を十分に把握した上で、最適な洗浄剤や最適な洗浄方法を選ぶことが必要です。

例えば、多くの工業製品は機械加工や塑性加工がなされていますが、加工後の製品の表面には潤滑剤(油性、水性)や切りくずが必ず付着しています。したがって、表面熱処理などの後加工を行う前に洗浄は必須です。特に塑性加工品の場合は、固体潤滑剤や化成膜が残存していることも多く、後工程の表面熱処理などで頻繁に問題になります。

さらに、後工程として表面熱処理を行う場合、焼入油の焼付き、加熱に伴う表面変質など有機系や無機系の多くの汚れが発生します。特に熱処理後にめっきなどの表面処理を行う場合は、これらの汚れの除去は欠かせません。熱処理状況を十分に踏まえた上で、適正な洗浄が求められます。洗浄に失敗した場合、単純なめっき不良だけでなく製品不良に至る余地を残すことになるのです。

洗浄剤は、一般に水系、準水系および非水系の3種類に大分類され、浸漬法やスプレー法など多くの方法が実施されています。すべての汚れの除去に万能な洗浄剤はなく、その種類によって利点と欠点が必ずあります。したがって、それらを十分に理解し、対象製品と汚れの状況によって使い分けます。例えば、油性汚れに対して水系洗浄剤は不向きです。また、表面酸化物の除去に対して、炭化水素系や塩素系洗浄剤はあまり適していません。

要点BOX

- ●表面処理の基本は洗浄
- ●潤滑剤汚れは油性と水性
- ●洗浄剤の利点と欠点を把握しよう

工業用製品に見られる汚れの種類

汚れの分類		汚れの種類
有機系	油性	切削加工油、塑性加工油、防錆油、各種潤滑剤、グリース、熱処理油、接着剤
	不溶性	焼付き油
無機系	水溶性	各種塩類、熱処理用塩浴剤（塩化ナトリウム、塩化バリウムなど）、水溶性加工油
	不溶性	切りくず、水あか（炭酸カルシウムなど）、砂ぼこり、鉄さび（赤さびなど）、研磨剤（炭化けい素、アルミナ、ダイヤモンドなど）、固体潤滑剤（グラファイト、二硫化モリブデンなど）、化成膜（リン酸塩皮膜など）

洗浄のための三要素

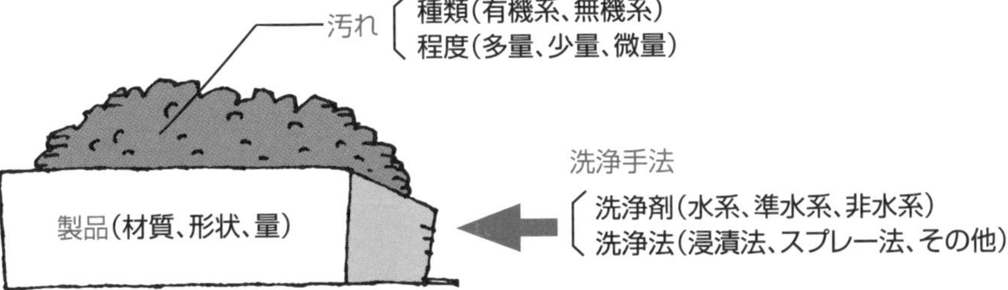

洗浄剤の利点と欠点

	水系	準水系	炭化水素系	塩素系
油性汚れ	困難	容易	可	容易
無機物	容易	可	困難	困難
細部の洗浄性	困難	困難	可	可
引火の危険性	なし	多少	注意	なし
乾燥性	遅い	遅い	中程度	早い
金属腐食性	注意	注意	ほとんどなし	注意
樹脂類へのダメージ	ほとんどなし	注意	注意	ほとんどなし
再生利用	不可	不可	可	可
排水処理	必要	必要	不要	不要
排ガスのリスク	小	小	中	大
設備価格	安価	高価	中程度	中程度
ランニングコスト	高価	中程度	安価	安価

8 水系・準水系洗浄剤の特徴

酸、アルカリ、中性の洗浄剤

　水系洗浄剤は、アルカリ性、酸性および中性の洗浄剤があり、用途によって使い分けられています。洗浄方法として主に浸漬法が採用されており、切削油などの脱脂を目的とした一般的な洗浄には、アルカリ性もしくは中性の洗浄剤を頻繁に用います。

　酸性の洗浄剤は、主に鉄さびやリン酸塩皮膜を除去する際に用いますが、この場合、リンス後はアルカリによる中和の工程が必須です。また、洗浄後は非常にさびやすくなっているため、防錆処理を施すことを推奨します。

　アルカリ性の洗浄剤の場合、その多くは防錆効果を持っていることから、洗浄後にさびが発生しにくく、特別な防錆処理はほとんど必要ありません。しかし、一般にリンス後は熱風乾燥することから、精密洗浄品の場合は防錆処理も行います。

　準水系洗浄剤は、グリコールエーテルのような有機溶剤が該当します。リンスを水で行えることが特徴です。また、水溶液として使用することで、引火しない洗浄剤として分類する場合があります。

　水系・準水系洗浄剤には界面活性剤が必ず添加されていて、重要な役割を果たしています。界面活性剤は親水基と親油基を持っていることから、水に対する表面張力を小さくすることですきまに水を浸透しやすくする浸透作用により、物体から汚れを引き剥がす効果を促進するのです。また、界面活性剤の働きで油成分の表面が親水化することから、水に馴染んで混ざった状態、いわゆる乳化の状態になります。さらに、固形粒子などは水中に分散しやすいことから、汚染物質として容易に除去できます。

　水系および準水系洗浄剤は規制物質などを含まないため、気化により環境を汚染することはありません。一方で、界面活性剤などの添加剤は排水の水質基準に影響を及ぼすことから、リンス液は適切な排水処理を施して廃棄することが必須です。

要点BOX
- ●水系洗浄剤は酸性・中性・アルカリ性
- ●準水系洗浄剤は水でリンスできる
- ●界面活性剤の添加は必須

水系洗浄剤による浸漬式洗浄工程例

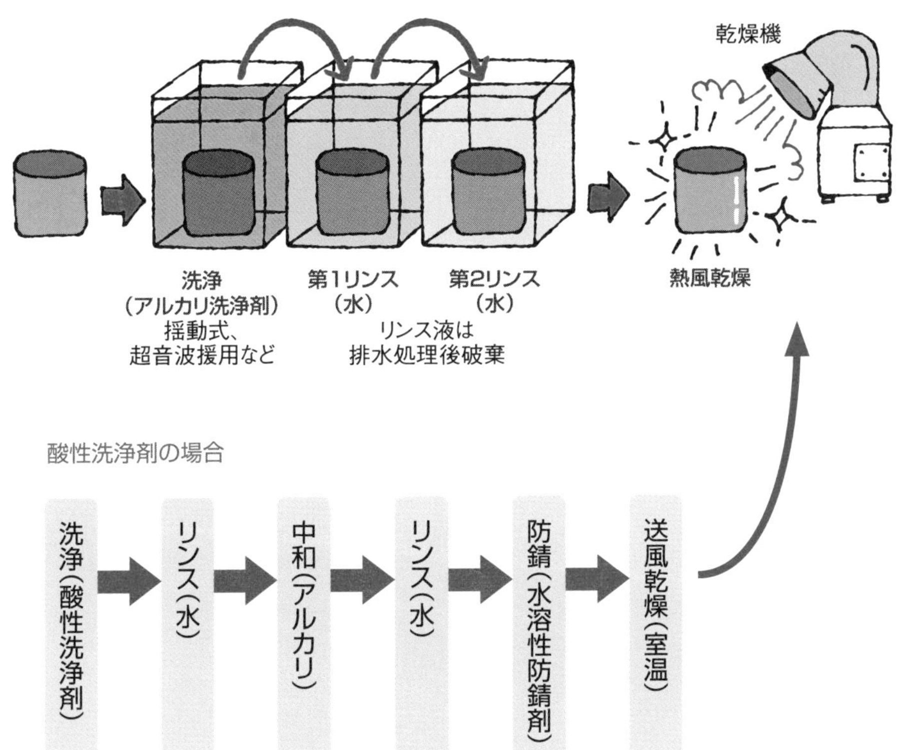

水系・準水系洗浄剤の概要

水を使う洗浄剤	水系	アルカリ性（苛性ソーダ水溶液、炭酸ソーダ水溶液など）
		中性（純水、水道水など）
		酸性（塩酸水溶液、硫酸水溶液、硝酸水溶液など）
	準水系	水溶性溶剤系（グリコールエーテル+水など）
		不水溶性溶剤系（テルペン系溶剤+水など）

※原則として界面活性剤を使用

9 非水系洗浄剤の特徴

アルコール、塩素、ふっ素系洗剤

非水系洗浄剤は、可燃性(アルコール系、炭化水素系など)と不燃性(塩素系、ふっ素系、臭素系など)に分類されます。水系や準水系に比べて洗浄力が強く、洗浄の分野では重要な位置づけにあります。

アルコールの種類は多いのですが、アルコール系洗浄剤としてはイソプロピルアルコール(IPA)を最もよく用います。アルコール類は親油性と親水性を併せ持っており、中でもIPAは最も安価であることから、塗膜のはく離剤などに用います。ただし、IPAは人体や環境に有害な揮発性有機化合物(VOC)であり、引火点が11・7℃であることから、取り扱いに十分な注意が必要です。

炭化水素系洗浄剤は、アルコール系よりも洗浄力が強く、環境汚染で問題になっている塩素系やふっ素系洗浄剤からの転換洗浄剤として、使用量が増加しています。浸漬式や真空洗浄式が採用されていますが、他の洗浄剤と比べると乾燥速度が遅いことが欠点です。

塩素系およびふっ素系洗浄剤は、不燃性、油性汚れの洗浄能力が大きい、蒸留再生が可能(ランニングコストが安価)など、多くの特徴を持っています。そのため、対象製品は電子部品などの精密洗浄をはじめ、多岐にわたって大量に使用されていました。ところが、「オゾン層保護法」が制定されて、塩素系洗浄剤としてよく利用していたトリクロロエタンおよび特定フロンが1996年に全廃になり、代替洗浄剤を用いるようになりました。現状の代替洗浄剤として、トリクロロエチレン(トリクレン)やハイドロフルオロカーボン(HFC)を利用していますが、それらも環境上の問題や規制強化に伴い削減傾向にあります。

非水系洗浄剤による洗浄は、基本的には2〜3槽の洗浄槽を持つ浸漬式で行われます。一般に仕上げ洗浄後は加熱乾燥しますが、最終工程としてリンス的に蒸気洗浄を行う場合もあります。

- ●非水系洗浄剤は可燃性と不燃性がある
- ●基本は複数槽で洗浄する
- ●環境問題との兼ね合いで利用を検討する

非水系洗浄剤の種類

非水系洗浄剤	可燃性	アルコール系(エタノール、メタノールなど)
		炭化水素系(パラフィン系、芳香族系など)
		塩素系(トリクロロエチレン、塩化メチレンなど)
	不燃性	ふっ素系(ハイドロフルオロエーテルなど)
		臭素系(1-ブロモプロパンなど)

非水系洗浄剤の環境規制

名称	年度	内容
特定フロン	1996	全廃
1.1.1-トリクロロエタン	1996	全廃
ハイドロクロロフルオロカーボン	2020	全廃(開発途上国は2030年全廃)
ハイドロフルオロカーボン[HFC]	2019	規制対象物質

非水系洗浄剤による浸漬式洗浄工程例

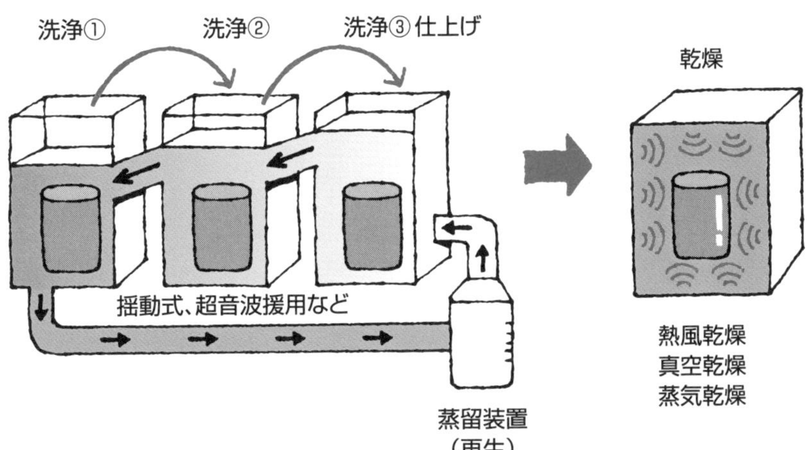

10 さまざまな洗浄装置

浸漬式・噴射式・蒸気・真空など多彩

洗浄の基本はこすり洗いですが、狭小部の洗浄は困難です。そのため、短時間で均一かつ確実な洗浄効果を得るべく、専用装置を使用するのが一般的です。洗浄装置による方法は、主に浸漬式と噴射式があります。その他に、密閉容器を用いる方法として、蒸気洗浄や真空洗浄があります。

①浸漬式洗浄

洗浄剤に浸漬させる洗浄法で、すべての洗浄剤に適用できます。単槽の場合もありますが、通常は2～3槽で予備洗浄、本洗浄、仕上げ洗浄を行い、リンス後に乾燥します。ただし、浸漬したままでは洗浄効果が弱いことから、浸漬と同時に超音波、揺動、バレル、バブリング、噴流などの洗浄を行います。

②噴射式洗浄

洗浄剤をシャワーなどで噴射して洗浄する方法です。繊細な製品や仕上げ洗浄用として有効ですが、大物やひどい汚れには不向きです。ベルトコンベアなどで自動化し、生産ラインなどに導入できます。

③蒸気洗浄

密閉容器の中で加熱して得られた洗浄剤の蒸気の中に洗浄物を置いて洗浄する方法で、塩素系など沸点の低い洗浄剤をよく利用します。蒸気は狭い隙間に侵入しやすく、洗浄物により冷却されて液体になる際に汚れを洗い流します。浸漬法よりも狭小部の洗浄に有効ですが、洗浄物の温度が洗浄剤の沸点以上になると極端に洗浄効果が低下します。

④真空洗浄

真空槽を用いる洗浄であり、初期費用がかかります。一方で多くのメリットがあることから、炭化水素系洗浄剤の使用時などによく用います。メリットとして、洗浄剤に浸漬して減圧することで狭小部の汚れを引き出すこと、減圧することで洗浄剤の沸点が下がるため蒸気洗浄が容易になること、真空乾燥するため短時間で乾燥できること、などが挙げられます。

●浸漬式は洗浄の基本
●噴射式は仕上げ洗浄向き
●蒸気洗浄と真空洗浄は強力なものの割高

洗浄方法の種類

洗浄方法	浸漬式	超音波洗浄
		振動洗浄
		バレル洗浄
		バブリング洗浄
		バブルジェット洗浄
		噴流洗浄
	噴射式	シャワー洗浄
		スプレー洗浄
		ジェット洗浄
	密閉式	蒸気洗浄
		真空洗浄

浸漬式および噴射式洗浄の一例

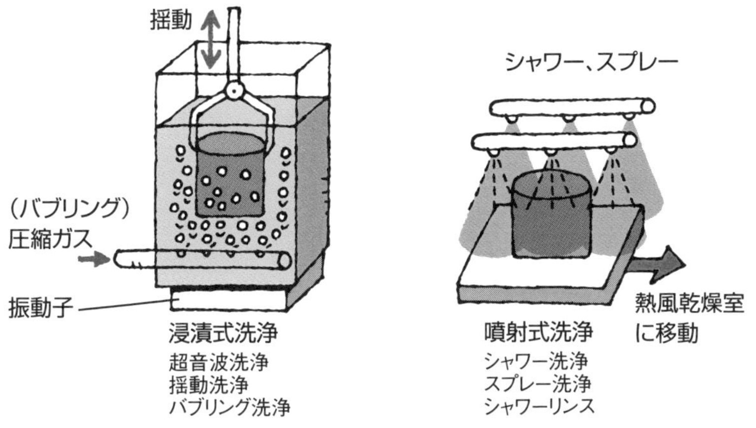

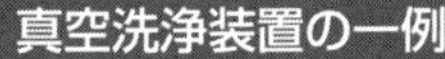

浸漬式洗浄
超音波洗浄
揺動洗浄
バブリング洗浄

噴射式洗浄
シャワー洗浄
スプレー洗浄
シャワーリンス

真空洗浄装置の一例

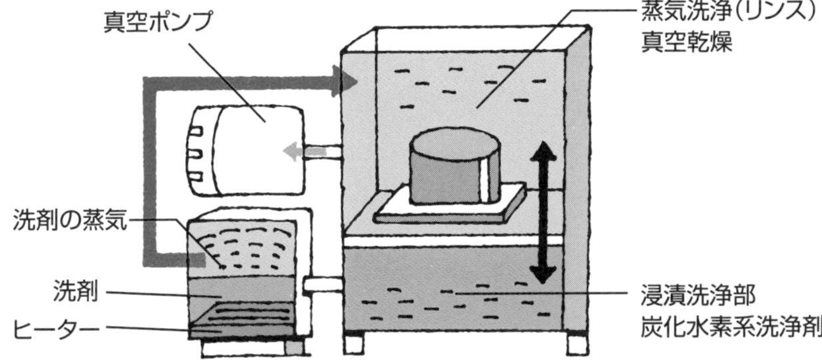

11 ドライ洗浄

光やプラズマを利用しよう

ドライ洗浄は、光やプラズマの作用で表面を清浄化する方法です。液体の洗浄剤が使用できない場合、超微細な空孔を有する場合などは特に有効であり、広範囲で利用されています。処理法としては加熱、紫外線、プラズマ、レーザなどがあります。

①加熱洗浄

真空や還元雰囲気中で加熱し、油性汚れや表面酸化物を除去する方法です。洗浄剤使用の場合、高密度のセラミックスなどは薬剤が微空孔内に閉じ込められることがあるため、加熱洗浄は有効な手段です。

②紫外線洗浄

低圧水銀ランプから照射される紫外線により、油性汚れを除去する方法です。波長185㎚の紫外線は酸素と反応してオゾン（O_3）を生成し、波長254㎚の紫外線はオゾンを分解して原子状の酸素を生成します。原子状の酸素は油性汚れを分解し、CO_2やH_2Oとして気化します。各種電子部品、光学部品、その他樹脂製品などの精密洗浄に多用されています。

③プラズマ洗浄

プラズマは、イオン、電子およびラジカルからなる電離気体で、同時に紫外線も発生することから、これらを有効に利用します。例えば、イオンは汚れのスパッタリング除去、酸素ラジカルは油性汚れの分解除去に貢献します。一般に真空装置を用いた低圧のRFプラズマ（周波数13・56MHz）を利用しますが、最近は大気圧プラズマによる洗浄装置もあります。

④レーザ洗浄

レーザ光によって表面の汚れを除去する方法で、CO_2レーザやYAGレーザを利用します。YAGレーザは光ファイバーによる伝送が可能なことから、大型部材など広範囲の対象に対して容易に適用できます。現状は主に塗膜の除去に利用していますが、短時間処理が可能であるため、金型など単品ものに対する有効な洗浄手段として期待されています。

●主なドライ洗浄は4種類ある
●液体が使用できないときはドライ洗浄
●ドライ洗浄は微細な空孔などに有効

ドライ洗浄の概要

ドライ洗浄	加熱洗浄	真空加熱、雰囲気加熱による分解
	紫外線洗浄	光分解、化学反応による分解
	プラズマ洗浄	化学反応、物理反応による分解
	レーザ洗浄	化学反応、熱による分解

紫外線による洗浄機構

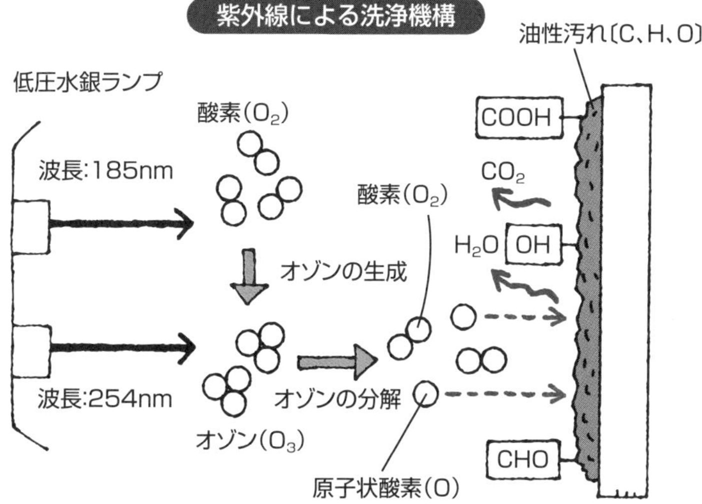

プラズマによる洗浄機構

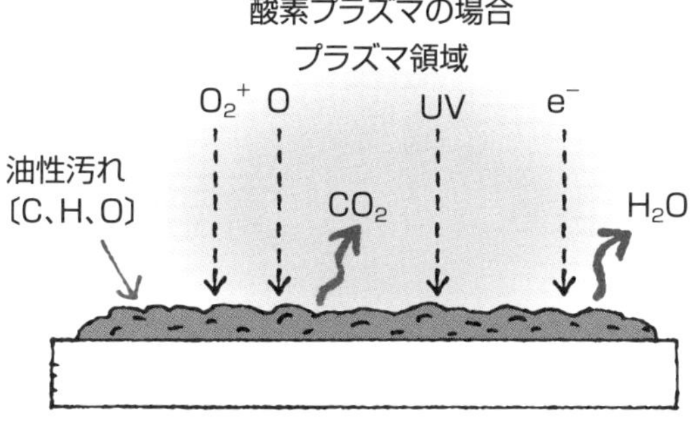

12 エッチング

材料表面を化学的に溶解

エッチングは、材料表面を化学的に溶解することであり、表面の模様や形状の創製、微細穴あけ加工、メッシュやスリットの作製などに利用します。切削加工や塑性加工では不可能な超微細加工にも対応できることから、その需要は増加しています。例えば、エッチング加工後に着色したネームプレート、プリント基板、半導体分野における微細加工など、適用分野は広大です。

エッチングは、酸やアルカリ水溶液を利用する湿式法（ウエットエッチング）と、プラズマやイオンを利用する乾式法（ドライエッチング）に大別できます。また、表面の全面加工、レジストによるマスキング技術を活用した部分加工や形状加工など、加工技術に工夫を施しています。

マスキングは、加工不要箇所を保護する方法です。使用する材料に対して、酸やアルカリなどエッチング用薬品に侵されないこと、エッチング後は容易にはく離できることが求められます。金属やサーメットなどの無機材料、フォトリソグラフィ工程で使用する感光性材料（フォトレジスト）などを用います。特に大量生産する製品の場合は、ほとんどがフォトレジスト（ネガとポジ）です。

エッチング加工対象材料として、ネームプレートの場合は一般の鋼板やステンレス鋼板、プリント基板の場合は銅やアルミニウムなど、ガラス工芸の場合はガラス製品、半導体分野の場合はシリコン（Si）、その他樹脂材料など広範囲に及んでいます。

エッチング用薬品は、エッチング加工対象材料と加工法によって使い分けられています。例えばウエットエッチングの場合、鉄鋼系や銅系に対しては塩化第二鉄（$FeCl_3$）が、Siに対してはふっ酸（HF）や水酸化カリウム（KOH）を用います。またドライエッチングの場合、Siのプラズマ（エッチングや反応性イオンエッチングではふっ化炭素CF_4・C_2F_6など）をよく用います。

要点BOX
- ●エッチングは湿式法と乾式法の2種類
- ●湿式法は酸やアルカリを利用する
- ●乾式法はプラズマやイオンを利用する

エッチング加工の概要

エッチング	湿式法	全面エッチング	
		部分エッチング	無機質レジスト
			感光性レジスト
	乾式法	プラズマエッチング	
		反応性イオンエッチング	
		反応性レーザエッチング	
		イオンビームエッチング	
		イオンエッチング	

エッチング加工の工程〔感光性レジスト使用の場合〕

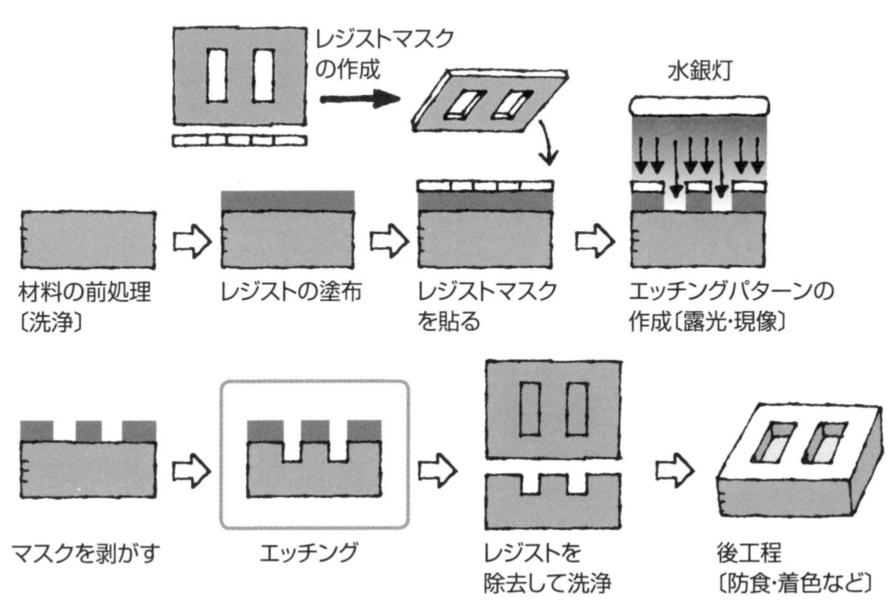

13 化学研磨と電解研磨

化学薬品（酸またはアルカリ溶液）を用いた研磨は、表面を平滑化する手段、また表面処理の前処理として採用されます。この研磨方法は大まかに、薬品自体の溶解力を積極的に利用する化学研磨と、薬品中で電気エネルギーを用いて電気化学反応を促進しながら溶解する電解研磨に大別できます。

化学研磨は、研磨したい製品の化学成分や金属組織に適した薬品の選定が重要です。例えば化学研磨液として、硝酸と塩酸の混合水溶液、硫酸とクロム酸や過酸化水素との混合液などを用います。化学研磨は薬品による自然溶解を支配的な現象としているため、対象物の形状にほとんど左右されません。小物を大量処理したいときに有効な手段となります。

現在、種々の化学研磨液が開発されています。しかし、特に鏡面が要求される場合は、電解研磨と比較して適用範囲が限られることに注意が必要です。一般的な鋼材や銅合金などに対する鏡面化学研磨はよく利用されます。一方でステンレス鋼のように、合金成分の多いものや耐食性の優れた材料の鏡面化学研磨は困難です。これらの材料を薬品により溶解する場合、局所的あるいは選択的な化学反応を引き起こしやすいため、局部電池を形成し、ミクロ的な部分溶解を生じる可能性を考慮しなくてはなりません。

電解研磨は、研磨したい製品を陽極として電解する方法で、特にステンレス鋼の鏡面研磨によく利用されます。ちなみにステンレス鋼の電解液として、リン酸と硫酸の混合液が用いられており、無水クロム酸などの酸化剤が添加されています。電解研磨は、研磨品と電極との距離が近いほど電流密度が大きくなることから、製品表面の凸部が優先的に溶解し、最終的に平滑な表面が得られます。一方、電解を伴う溶解現象は、研磨面と電極との距離を均一にしなければならないことから、コスト面で小物や大量処理は向きません。また、複雑形状物への適用は困難です。

- ●化学研磨と電解研磨を使い分ける
- ●化学研磨は薬品による自然溶解
- ●電解研磨は研磨品を陽極として電解する

化学研磨と電解研磨

比較項目	化学研磨	電解研磨
適用可能材料	少ない	多い
バリ取り	若干可	可
複雑形状物の研磨	可	不可
パイプ内面の研磨	可	不可
鏡面研磨	劣る	優れる
電極	不要	要
作業パラメータ	少ない	多い
大量処理	可能	困難

化学研磨と電解研磨の概略

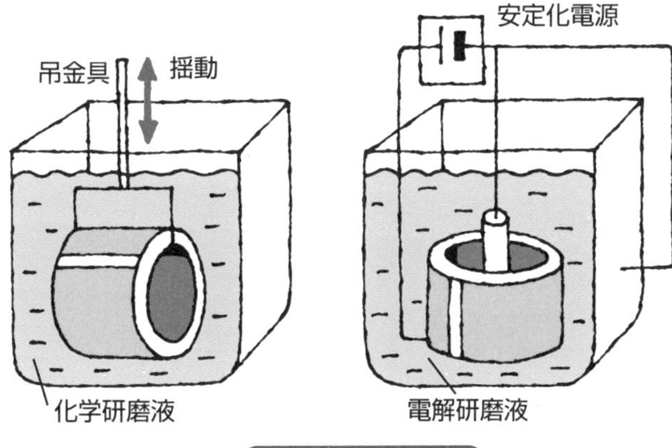

電解研磨の原理

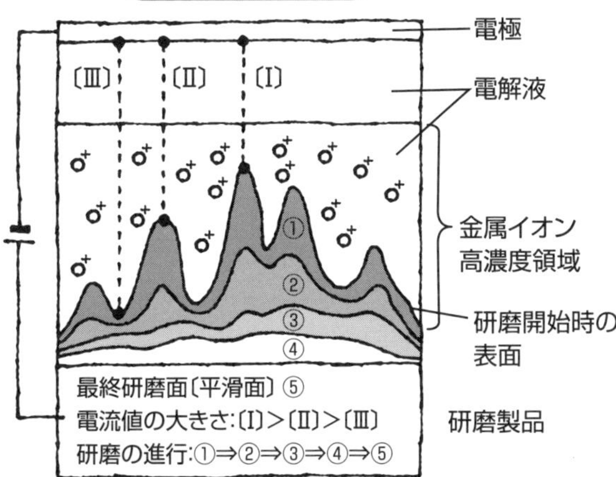

14 機械研磨

道具を使って研磨しよう

機械研磨は、研磨加工用の道具を用いて研磨することで、粗面化することを目的とする方法や鏡面化を目的とする方法など、種々の研磨法があります。

ブラスト処理は、圧縮空気などを用いてショット材を叩きつけて表面を研磨する方法です。ショット材として、金属粒子（鋳鋼の破砕粒子、ステンレス鋼等の小片線材など）、アルミナや炭化けい素、ガラス粒子、破砕樹脂などが用いられ、研磨対象品や研磨目的によって使い分けられています。特に、鋳物の表面酸化層の除去やバリ取り、塗装や溶射の前処理などには欠かせない工程です。

研磨布紙による研磨、ラッピング、バレル研磨およびポリシングは、表面の平滑化を目的としています。中でも、鏡面化を目的としているのはポリシングです。研磨布紙とは研磨布や研磨紙、研磨ディスク、研磨ベルトなど研磨道具の総称で、これらはJISでも詳細に規定しています。

バレル研磨とは、研磨対象品と研磨材を装入したバレル（樽）を動かして研磨するものです。遠心力を利用する遠心バレル、バレルを回転させる回転バレル、バレルを振動させる振動バレルなど種々の方法があります。また、それぞれに乾式法と、水を用いる湿式法があります。なお、バレル研磨で用いる研磨材はアルミナを主体とするセラミックス粒子、金属粒子、プラスチックなどが一般的です。

ラッピングとポリシングは精密研磨に属する方法で、仕上げ加工に利用されています。ラッピングは、主に鋳鉄製の研磨用ラップに研磨品を押しつけて研磨する方法です。アルミナや炭化けい素などの研磨材を用いて研磨します。一方、ポリシングは人絹繊維や合成繊維製のバフ（クロス）を用いて研磨する方法です。研磨材と潤滑剤（ルーブリカント）をバフ上に滴下しながら研磨します。研磨材として、アルミナやダイヤモンドの微粉末を用います。

要点BOX

- ●機械研磨は道具を用いて研磨すること
- ●大まかな研磨はブラスト、研磨布紙、バレル研磨
- ●精密な研磨はラッピング、ポリシングで行う

機械研磨の種類

ブラスト処理	ショットブラスト、エアブラスト、ウエットブラストなど
研磨布紙研磨	研磨布,研磨紙、研磨ディスク、研磨ベルトなど
ラッピング	乾式ラッピング、湿式ラッピング
バレル研磨	回転バレル、流動バレル、振動バレル、遠心バレルなど
ポリシング	バフ研磨など

主な研磨材とその特徴

種類		特徴
アルミナ系（アランダム）	褐色アルミナ〔記号A〕	主成分はアルミナで、酸化チタンを含有している
	白色アルミナ〔記号WA〕	高純度のアルミナで、白色を帯びている
炭化けい素系（カーボランダム）	黒色炭化けい素〔記号C〕	主としてα型炭化けい素で、黒色を帯びている
	緑色炭化けい素〔記号GC〕	〔記号C〕より高純度の炭化けい素で、緑色を帯びている
立方晶窒化ほう素〔cBN〕		ダイヤモンドに次いで硬い（5000HV）
ダイヤモンド		地球上で最も硬い（8000～10000HV）

各種機械研磨の概略

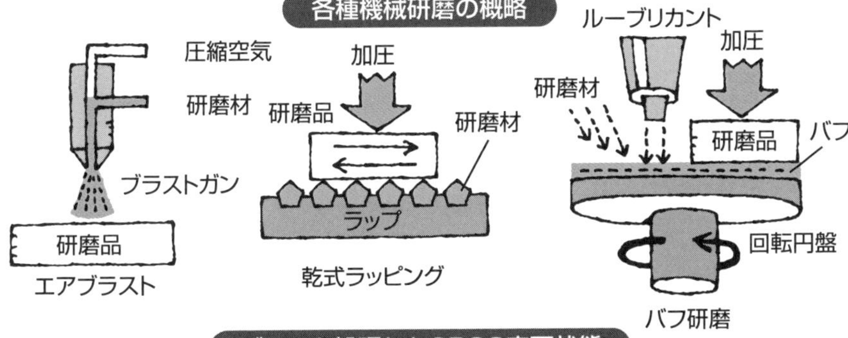

ブラスト処理したSPCC表面状態

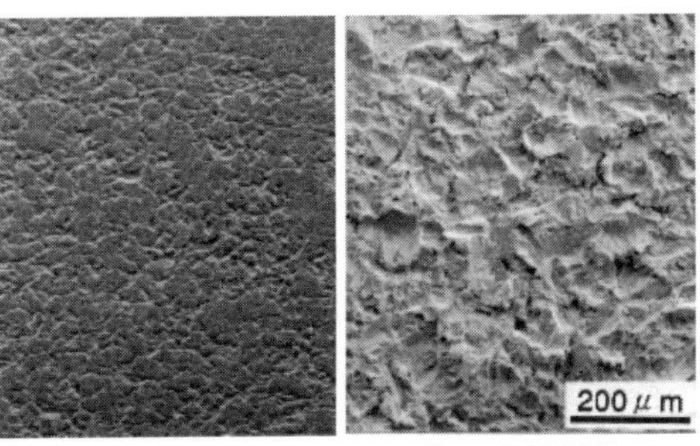

ブラスト処理前　　ブラスト処理後

15 ファインバブルを用いた洗浄

洗浄剤を使用した洗浄方法は、幅広く利用されます。ただし使用する洗浄剤(脱脂剤、溶剤)の種類によっては、環境負荷の高さや排水処理への悪影響、作業環境の悪化などが懸念されます。また、洗浄剤は消耗品であるため、交換頻度次第で廃棄などのコスト面で大きな負荷が掛かる場合があります。

近年、洗浄剤利用に代わる洗浄方法として、100μm以下の微細気泡であるファインバブル(FB)を使用した技術が注目されています。FBは、通常の気泡と同様に水と空気で構成されますが、表面電荷や疎水性相互作用など特徴的な性質を持つことが知られており、洗浄以外に農業、水産業、医療など幅広い技術分野で応用展開されています。

FBはISOの規格で、気泡サイズによりマイクロバブル(気泡径1～100μm)とウルトラファインバブル(気泡径1μm以下)と定義されており、気泡サイズによって性質が変化します。気泡径の大きいマイクロバブルが持つ疎水性相互作用は、固体表面に付着した油の洗浄に有効であること、ウルトラファインバブルを用いた固体表面の固体塩の除去メカニズムの解明など、さまざまな研究が進められています。表面処理関係では、めっきの前処理洗浄としてファインバブル洗浄の適用を目指した研究例があります。一方で、空気の代わりに酸素やオゾンなどのガスを用いることで、FBの洗浄効果を高めた研究例などがあります。

現状、洗浄力のみで考えると、洗浄剤を使用した方が効果的ですが、環境負荷面を考えるとFB洗浄は有効な手法と言えるでしょう。また、FBの発生方法についてさまざまな技術が提案され、発生装置も数万円程度の小型で安価なものから数百万円の比較的大規模なものまで多岐にわたっています。FB洗浄は、付着汚れの種類や洗浄対象物の形状などの影響を受けやすく、使用目的に合わせて装置を導入することが重要です。

要点BOX

- 気泡径1～100μmをマイクロバブルと呼ぶ
- 気泡径1μm以下はウルトラファインバブル
- 環境に優しいファインバブルによる洗浄

ファインバブル(FB):直径100μm以下の気泡の総称

マイクロバブル

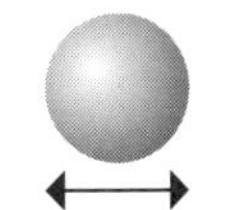

直径:1〜100μm

ウルトラファインバブル

直径:1μm以下

特異な性質

- 疎水性相互作用
- 表面電荷特性
- 高浸透性など

農業や医療、工業など幅広い分野へ応用

ファインバブルによる油の洗浄

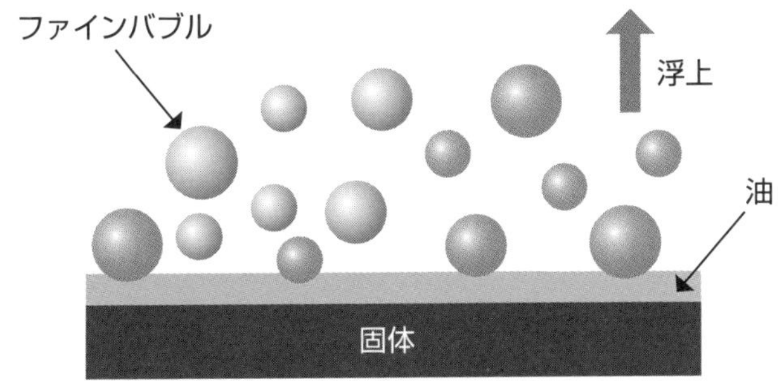

ファインバブルによる洗浄例

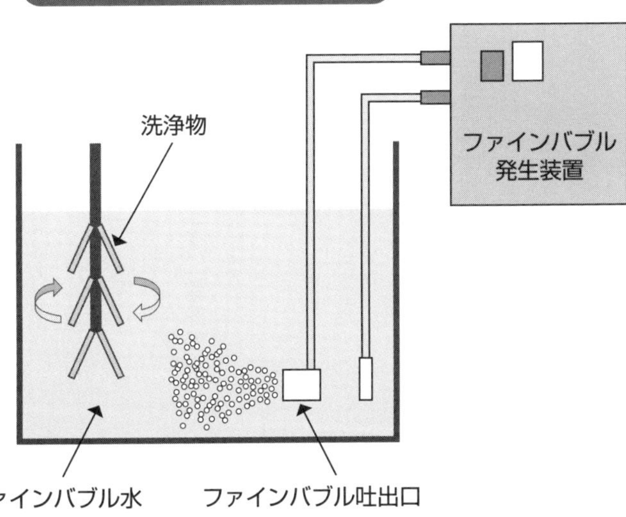

16 洗浄効果の評価方法

清浄度の確認は大切

ここまで洗浄技術について説明してきましたが、実際に表面洗浄した場合、その表面がどの程度きれいになったのか、すなわち表面の清浄度を評価する必要があります。もちろん、通常の表面処理工程で、全製品の表面の清浄度の測定を実施するのは困難、あるいは非現実的な対応と言わざるを得ません。一方で、表面処理に不具合が生じた際は、清浄度の評価を行い、洗浄方法の見直しを実施することが重要です。

洗浄剤や洗浄工程を変更したときは、一度洗浄効果を評価しておくとよいかもしれません。一口に表面の清浄度の評価と言っても、その方法は多岐にわたっています。簡易的な評価方法から分析機器を使用した本格的な評価方法までさまざまな方法があることから、目的や用途に応じて適切な評価方法を選択することが求められます。ここでは、代表的な評価方法についていくつか例を紹介します。

①定性評価

おおまかに汚れの有無を調べるのが定性評価となります。最も簡易な評価方法は、肉眼などにより汚れを直接確認する「目視法」です。また、表面に液滴を垂らし、ぬれ性から判断する「液滴法」などを用います。定性評価は簡便な方法が多く、おおよその清浄度の評価で問題がない場合に利用されます。量産工程における抜出検査やライン工程への組み込みなど、現場で容易に導入できることが利点です。

②定量評価

定量評価は、表面に残留している汚れの量を評価する手法です。分析機器を用いることが多く、定性評価よりも詳細な清浄度評価を必要とする場合に用います。残留油の評価の場合は有機溶媒中に洗浄対象物を浸漬し、溶媒中に油を抽出した上で、吸光光度計やクロマトグラフィーなどを用いた機器分析を行います。また、比較的簡易的な定量評価としては、重量変化から清浄度を評価する「重量法」があります。

要点BOX
- ●清浄度評価で洗浄効果を確認しよう
- ●定性評価は目視法、液滴法がある
- ●定量評価は機器分析、重量法がある

表面の清浄度を評価する方法

分類	特徴	代表的な評価法など
定性評価	・比較的簡便で安価にできる ・詳細な清浄度はわからない ・おおよその清浄度評価に使用	・目視法 ・液滴法
定量評価	・残留している汚れの量を評価できる ・厳しい清浄度評価が必要な場合に有効 ・分析装置を使用するためコストや時間がかかる	・吸光光度計 ・クロマト分析 ・重量法

定性分析

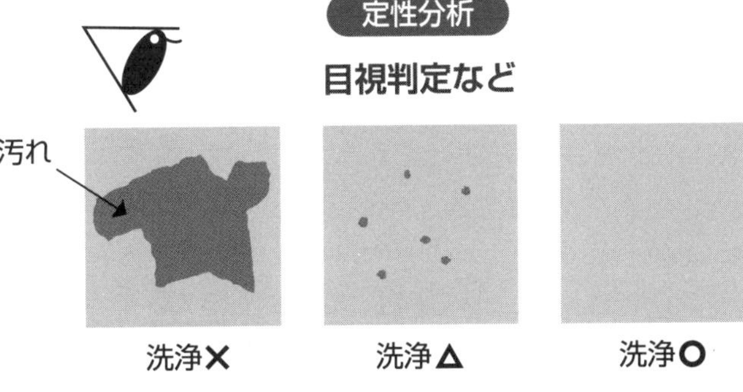

汚れの残り具合から目視などで評価

↓

残付量の評価：不可

定量分析

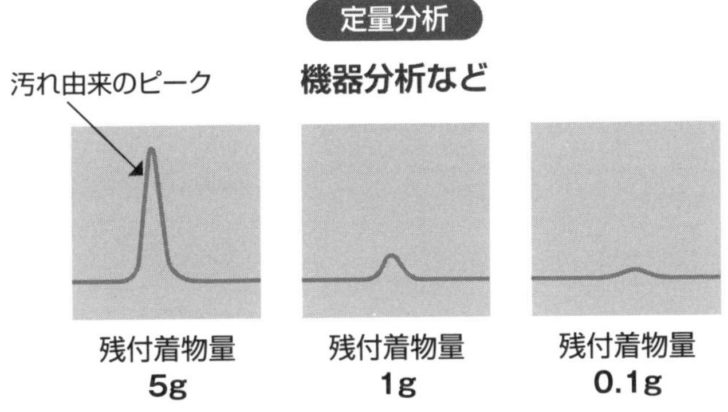

汚れ由来のピーク面積から濃度を測定

↓

残付量の評価：可

Column

脱脂剤が排水処理を阻害する？

表面の清浄度は、表面処理の仕上りに大きく影響することから、材料に付着した汚れの洗浄は重要な作業となります。表面洗浄の観点から考えると、洗浄効果が高く、比較的簡便に頑固な汚れを落とすことができる強力な脱脂剤の使用は有効な手法となります。その一方で、脱脂剤に含まれる成分の一部が排水処理を阻害することがわかっています。

表面処理では多種多様な重金属類を排出することから、有害な金属成分を適切に処理し、排水規制を遵守することが重要な役目の一つです。一般的な重金属類の排水処理は、pH調整により金属水酸化物を沈殿し、固液分離する方法を用います。しかし、脱脂剤に含まれる錯形成剤（キレート剤）が水洗槽を通して排水中に混入すると、排水中の金属成分と水溶性の錯体を形成し、金属沈殿物の生成を阻害する場合があります。沈殿物が生成できないと固液分離ができないことから、結果的に高濃度の金を処理できず、排出することになります。

このような事態を防ぐために、使用する薬剤の種類に注意することが重要です。最近は、キレート剤を含まないノンキレートタイプの脱脂剤が開発され、表面処理での適用が増えています。また15項で紹介した、薬剤を使用しないファインバブル洗浄などの技術などを併用することが、排水処理に配慮するための有効な手段となります。表面処理技術のみならず、環境負荷の低減に目を向けた取り組みが重要です。

亜鉛の排水処理

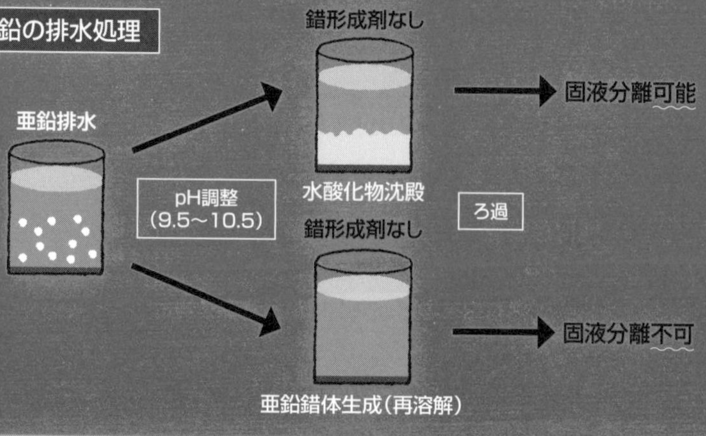

亜鉛排水
pH調整
(9.5～10.5)
錯形成剤なし
水酸化物沈殿
ろ過
固液分離可能
錯形成剤なし
亜鉛錯体生成（再溶解）
固液分離不可

寿命を延ばすための めっき

17 小物大量生産に適した化成処理

薬品で表面を処理しよう

化成処理とは、製品と処理液の化学反応によって表面に化合物膜を形成する方法で、その処理法の多くは常温～70℃程度の薬品処理です。短時間（数秒～数分）薬品に浸漬するか、スプレーするだけで成膜できることから、比較的安価で小物大量生産に適しています。例えば、各種自動車部品や家電部品、ねじ類などの製造に多用されています。

リン酸塩処理は、適用材料や用途別に種々の処理法が使い分けられており、その中で最も一般的な処理法はリン酸亜鉛処理です。これはリン酸亜鉛層を得るもので、鉄鋼をはじめ亜鉛やアルミニウムに適用されています。その適用目的は防錆や塑性加工する際の潤滑ですが、さらには塗装における塗膜の付着性強化を図るべく、下地処理としての大きな役割を担っています。

クロメート処理は、電気亜鉛めっきには欠かせない表面処理で、亜鉛めっき膜の耐食性を向上することが目的の一つです。基本的に、硫酸や硝酸と無水クロム酸の溶液に数十秒程度浸漬する処理です。ただし、クロメート処理はRoHS指令（有害物質使用制限令）や水質汚濁防止法で規制されている六価クロムを使用するため、現在では三価クロムへの転換や、クロムを使用しないクロムフリー化成処理への転換が進められています。

黒染め処理は、水酸化ナトリウム水溶液などの高濃度アルカリ溶液に浸漬する方法で、鉄鋼材料の表面に黒色で緻密な四三酸化鉄（Fe_3O_4）を生成します。主な適用目的は着色（黒色）ですが、表面層は緻密な酸化物であることから、耐食性も向上します。

不働態化処理はパッシベーションとも呼ばれる方法で、熱処理や研磨などで不働態膜が破壊されたステンレス鋼を対象として行う処理です。硝酸などの酸化性酸に浸漬して、表面に安定な不働態膜（クロム酸化物）を生成し、耐食性を復活させる方法です。

要点BOX
- ●薬品で処理する化成処理
- ●膜形成、潤滑、下地処理など目的はいろいろ
- ●代表選手はリン酸塩処理

化成処理の種類

化成処理	皮膜成分
リン酸塩処理	リン酸亜鉛
	リン酸鉄
	リン酸亜鉛カルシウム
	リン酸マンガン
	リン酸ジルコニウム
シュウ酸塩処理	シュウ酸鉄
クロメート処理	クロム酸化物
黒染め処理	四三酸化鉄
不働態化処理（パッシベーション）	クロム酸化物

主な化成処理の適用と用途

処理法	適用材料	用途
リン酸亜鉛処理	鉄鋼、亜鉛、アルミニウム	防錆、塗装下地、塑性加工用潤滑
リン酸鉄処理	鉄鋼	塗装下地、干渉色
リン酸マンガン処理	鉄鋼	防錆、摺動部潤滑、耐摩耗性
シュウ酸塩処理	ステンレス鋼	塑性加工用潤滑
クロメート処理	亜鉛、アルミニウム	防錆、塗装下地、塑性加工用潤滑
黒染め処理	鉄鋼、ステンレス鋼、銅合金	防錆、着色
不働態化処理	ステンレス鋼	防錆

リン酸亜鉛処理した鋼の表面

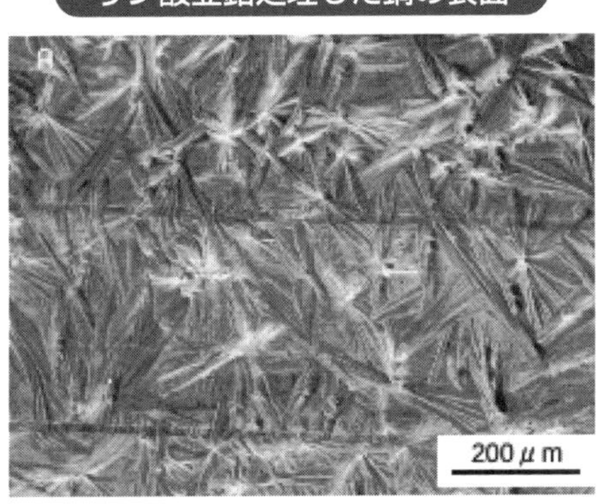

18 アルミニウムの陽極酸化

防食・硬質皮膜効果を得るアルマイト処理

電解液中に2本の電極を浸漬して直流電解を行うと、陽極では酸化反応、陰極では還元反応を生じます。すなわち、陽極側の金属は金属イオンとして電解液中に溶出する、あるいは表面に安定な酸化物層を形成します。この酸化物層を形成する現象を利用した表面処理が陽極酸化で、アルミニウムやチタンの表面処理として利用されています。

特にアルミニウムの陽極酸化処理は有名で、得られる酸化皮膜またはその製品は通称アルマイトと呼ばれています。アルマイトの用途は主に防食としての利用ですが、処理条件を調整する(温度や電圧など)ことで硬質皮膜が得られます。そのため、耐摩耗性が要求される機械部品や航空機部品などにも適用されているのです。

アルマイトの種類は、電解液として使用する水溶液により分類されており、主なものに硫酸皮膜とシュウ酸皮膜があります。最も一般的なアルマイトは硫酸皮膜で、これは硫酸濃度10～20%の電解液を用いて15～30℃で電解します。

シュウ酸皮膜は黄色透明ですが、硫酸皮膜は基本的には無色透明です。そのため、色を要求される場合は陽極酸化処理後に着色処理を行います。着色は、金属化合物を析出させる電解着色法、無機または有機染料による染色法などが利用され、カラーアルマイトとして多用されています。

一般的なアルマイトはポーラス(多孔質体)で、表面には多数の細孔があります。着色処理は、この細孔内に着色物質を付着させるのです。そのため、耐食性を重視するものや着色処理したものは、封孔処理(孔をふさぐ処理)を行います。

封孔処理法としては、水蒸気や沸騰水による方法がよく利用されています。沸騰水処理により皮膜表面で水和反応が進行して膨張した結果、孔がふさがり耐食性が著しく向上します。

要点BOX

- ●陽極酸化により酸化物層を形成する
- ●アルマイトの代表は硫酸皮膜とシュウ酸皮膜
- ●アルマイトはポーラス(多孔質)構造をしている

陽極酸化処理の工程例

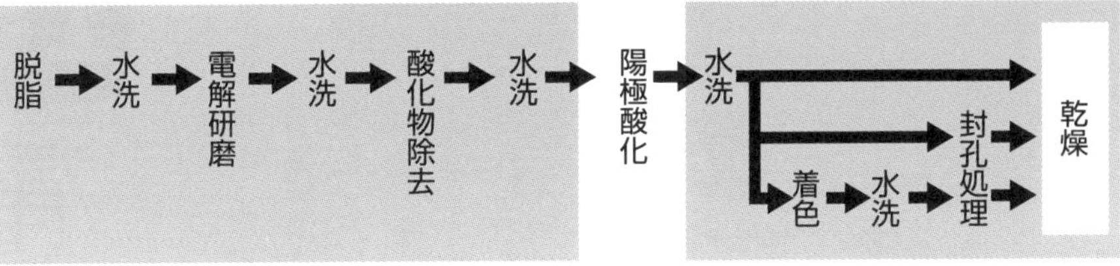

着色法
- 電解着色法〔金属化合物の析出〕
- 有機着色法〔有機染料で染色〕
- 無機着色法〔金属塩を含む染色液で染色〕

封孔処理法
- 加圧水蒸気封孔
- 沸騰水封孔
- トリエタノールアミン添加沸騰水封孔
- 硫酸ニッケル添加沸騰水封孔

陽極酸化皮膜の断面から見た状態変化

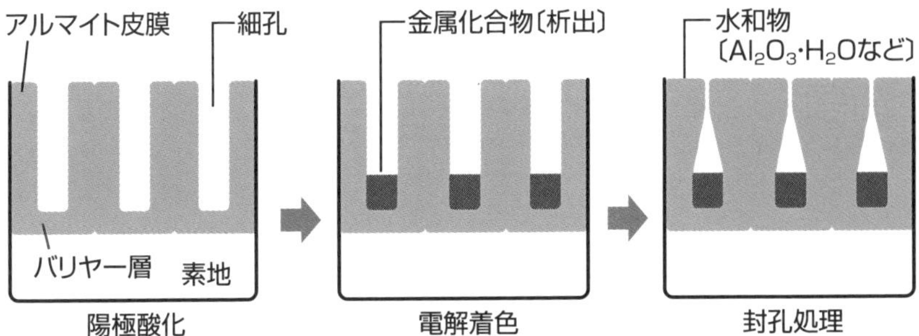

JISによる硬質陽極酸化皮膜の種類と硬さ 〔JIS H 8603〕

種類	材質	微小硬さ(HV0.05)
1種	JIS H 4000、4040、4080、4100、4140に規定する展伸材のうち、2種に属するものを除く展伸材	400以上
2種-(a)	2000系展伸材	250以上
2種-(b)	7000系展伸材およびMgを2%以上含む5000系展伸材	300以上
3種-(a)	JIS H 5202およびJIS H 5302に規定する鋳造材のうち、Cu2%未満、またはけい素8%未満の合金	250以上
3種-(b)	3種-(a)を除く他の鋳造材	当事者間の協定による

19 電気めっき

電気めっきとは、めっきしたい金属イオンを含む水溶液（めっき液、電解液）中で、めっき処理品を陰極（マイナス極）、めっきしたい金属を陽極（プラス極）として通電する方法です。金めっき、亜鉛めっき、クロムめっき、ニッケルめっきなど主に装飾性や耐食性、耐摩耗性を付与する目的で実施します。

陰極では還元反応が起こり、金属が析出しめっき膜として成長します。すなわち、電解液中の金属イオン（M^{n+}）がn個の電子（e^-）を受け取り、金属（M）として表面に析出するのです。

陽極では酸化反応が起こり、めっき液中に陽極の金属が溶解して金属イオンが補給されます。このように、めっきしたい金属を陽極にする場合、その陽極は電解液に溶出することから可溶性電極と呼びます。

これに対して、めっき液に溶けない陽極（不溶性電極）を使用する方法も存在します。ただし、この場合はめっき液中の金属イオンが絶えず減少することから、めっきしたい金属イオンを含む化学薬品を定期的に補給します。なお、不溶性電極は基本的に溶解しませんが、めっき液やめっき条件に適したものを選定することが求められます。

電気めっきにおける電極の役割は、安定して通電することです。したがって、個々のめっき処理品の形状に適したものを設置しなければなりません。例えば、めっき電極に近い箇所は電流が多く流れることから、めっき速度は速くなります。しかし、遠い箇所のめっき速度は極端に遅くなります。特に筒状製品の内面は、めっきが困難な部位となるため、その場合は補助電極を付加するなどの工夫が必要です。

電解液は、金属イオンを含有する金属塩溶液であればめっきが可能です。しかし、光沢のある緻密な皮膜を得るためには、添加剤が重要な役割を担っています。例えば、光沢剤はめっき膜を光沢のある表面にし、界面活性剤はピット発生を抑制します。

要点BOX
- ●電気めっきの原理を押さえる
- ●電解液と陽極の働きを理解しよう
- ●添加剤はさまざまな役割を持っている

電気めっきの基本原理

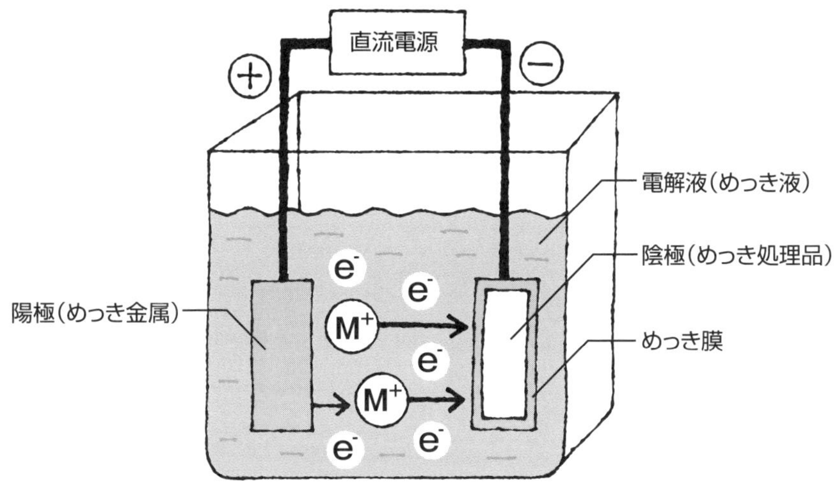

陽極〔+〕で生じる現象〔酸化反応〕

M(金属)⇒M^{n+}(イオン) +ne^-(電子)〔金属の溶解〕

陰極〔−〕で生じる現象〔還元反応〕

M^{n+}(イオン) +ne^-(電子)⇒M(金属)〔めっき〕

電解液(めっき液)と陽極のはたらき

電解液(めっき液)の構成

金属塩溶液(金属イオン)〔めっき膜の生成原料〕
陽極溶解促進剤〔陽極の溶解を促進〕
pH調節剤〔電解液のpHを調節〕
光沢剤〔めっき膜の表面を平滑化・光沢化〕
界面活性剤〔ピット発生防止〕

陽極

可溶性陽極〔溶解しながら電解液中に金属イオンを供給〕
不溶性陽極〔溶解しない電極〕

20 無電解めっき（化学めっき）

化学反応でめっきしよう

無電解めっきは、電気を使わず化学反応により皮膜を析出する方法で、化学めっきとも呼ばれています。原理の違いから、置換型と還元型に分類することができます。

置換めっきは、めっきしたい金属よりもめっき処理品のイオン化傾向が大きい場合に成立する方法です。イオン化傾向が大きいめっき処理品の金属が、めっき液中に溶解することで電子を放出し、金属イオンになります。

めっき液中に存在しているめっきしたい金属イオンは、その電子を受け取り金属として置換析出します。この場合、めっき処理品が還元剤の役割を果たしていることから、表面がめっき膜で覆われると反応が終了します。この反応を利用したものとして、ジンケート処理と呼ばれるアルミニウムへの置換亜鉛めっきや、プリント配線基板への置換金めっきなどがありますが、いずれも厚いめっきは困難です。

還元めっきは、化学薬品の還元能力を利用してめっき金属を析出する方法で、非触媒型と自己触媒型に分類できます。銀鏡反応は前者に属する方法で、この場合は薬品の還元能力により金属の析出が進行します。したがって、めっき処理品だけでなくめっき槽の内面や治具などもめっきされることから、めっき液の劣化が早く、厚いめっきは望めません。

自己触媒型は、非触媒型と同様に化学薬品の還元能力を利用し、めっき金属を析出します。一方、析出しためっき金属が触媒として作用することから、還元反応（金属の析出）がめっき処理品の表面のみに限定されます。したがって、還元剤の補給などめっき液の組成を保持できれば、容易に厚いめっきとすることが可能です。代表的な自己触媒型のめっきには、無電解ニッケル-リンめっきと無電解銅めっきがあります。金属だけでなく、プラスチックなど多くの素材にめっきすることが可能です。

●化学薬品の力でめっきしよう
●いろいろな化学反応を理解しよう
●めっき液の構成を念頭に入れよう

無電解めっきの種類

- 無電解めっき
  - 置換めっき〔金めっき、銅めっき、亜鉛めっき(ジンケート処理)〕
  - 還元めっき
    - 非触媒型還元めっき〔銀めっき(銀鏡反応)〕
    - 自己触媒型還元めっき〔銅めっき、ニッケルめっき、金めっき、銀めっき〕

無電解めっきの基本原理(ニッケル基板上への金めっきの場合)

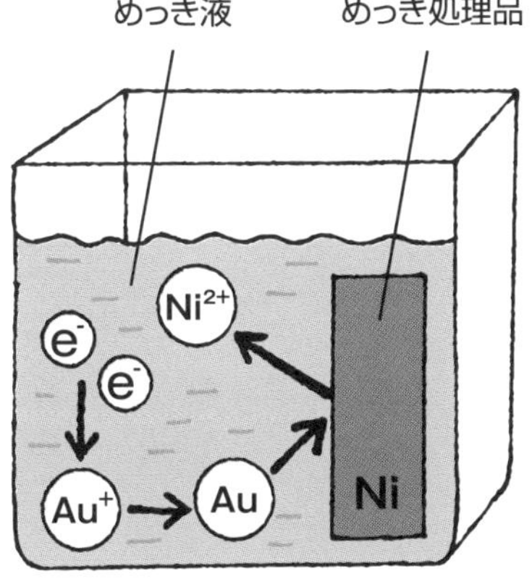

置換めっき

①Ni⇒Ni^{2+}+2e^-(Niのイオン化)
②Au^++e^-⇒Au(Niと置換析出)

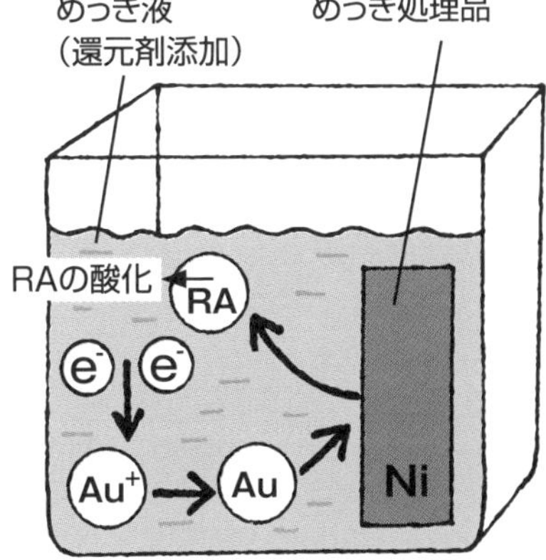

自己触媒還元めっき

Ni(基板)、Au(めっき膜)が触媒

↓

①還元剤(RA)⇒RAの酸化+e^-
②Au^++e^-⇒Au(連続析出)

無電解めっき液の構成

無電解めっき液の構成

金属塩溶液(金属イオン)〔めっき膜の生成原料〕
還元剤〔酸化して電子を放出する〕
pH調節剤〔めっき液のpHを調節〕
錯化剤〔めっき液の安定化〕
緩衝剤〔めっき液の安定化〕
その他添加剤

21 めっき工程とめっき法

めっきは工程が重要

めっきの工程は、前処理、本処理および後処理の順に進みますが、このうち前処理工程の失敗は致命的となることから、最も重視すべき工程です。多くの製品や部品は機械加工や塑性加工でつくられており、さらには焼入れ焼戻しなどの熱処理も行っています。したがって必然的に、製品には加工油や熱処理油、防錆油などが付着しているためこれらを完全に除去しなければ、めっき膜の密着不良の最大の原因になり得ます。

前処理工程では、処理品の加工履歴や材質から最適な方法を選定します。例えば、酸化スケールがあるものは酸洗が必要です。脱脂工程としては溶剤脱脂やアルカリ脱脂、電解脱脂などを複数行って油成分を除去し、めっき直前に酸浸漬（表面活性化）を施します。このときの酸の種類は、めっき処理品の材質によって異なりますが、一般には塩酸や硫酸を使用します。

活性化とは、表面に残存している薄い酸化層を除去する方法で、めっき膜の密着性向上に有効な前処理です。活性化の後は、亜鉛めっきの場合は引き続きめっき工程になります。一方でニッケルめっきやクロムめっきの場合は、一般に銅ストライクめっきを行った後、本処理工程に進みます。

めっき液への浸漬は、引っかけ（銅や真鍮製が多い）による方法かバレルによる方法で行うのが一般的です。引っかけはラックとも呼ばれ、個々のめっき品の形状や大きさにより、適正なものを選択しましょう。例えば、電極との位置関係、めっき中に発生するガス溜まりの有無、処理品の着脱の容易さなどを考慮します。バレルは、個々に電極を取らないことから、ボルトなど小物を大量に処理する際によく利用します。ただし、大量生産となることから、めっき液の成分が変動しやすいなどの問題を生じることがあります。十分な浴管理を行い、均一化を図ることが肝要です。

- ●めっき工程は順番が命
- ●前処理工程は必須
- ●引っかけ方を考えよう

電気めっきの工程例

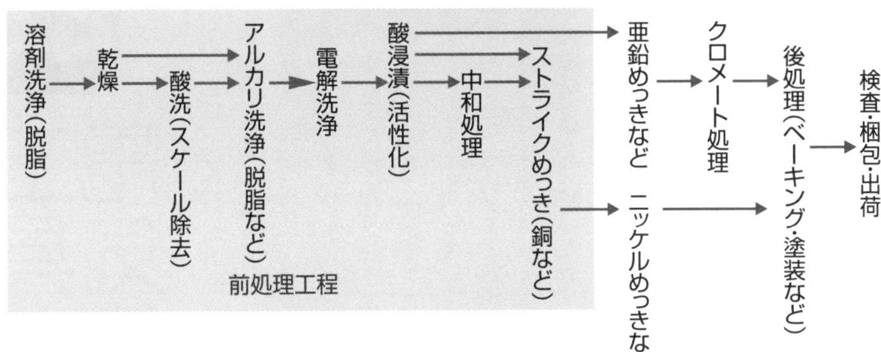

電気めっき用引っかけの一例

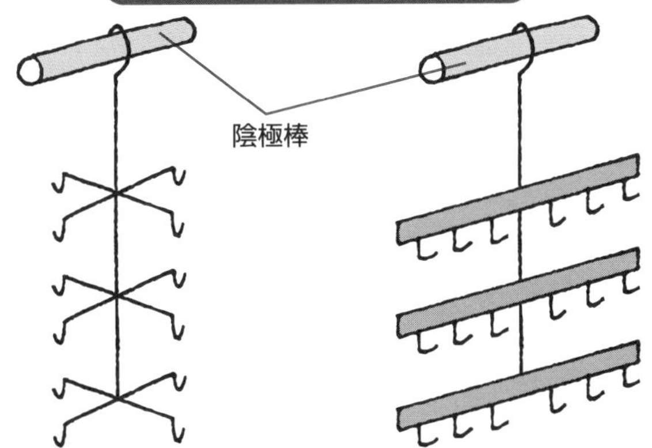

陰極棒およびめっき品との接触箇所以外はふっ素樹脂や塩化ビニルなどで絶縁コーティングします

バレルめっきの一例

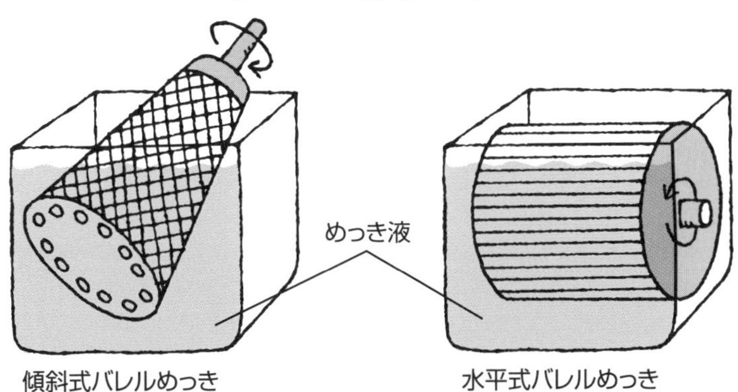

傾斜式バレルめっき　　水平式バレルめっき

22 工具への電気めっき

亜鉛めっきは、鉄鋼材料の防錆・防食を目的として処理する方法です。安価なことからボルトなど多くの機械部品に利用されています。めっき液として、水酸化ナトリウムを含むアルカリ性のジンケート浴、塩化カリウムまたは塩化アンモニウムを含む酸性浴などを用います。なお、亜鉛めっきは皮膜自体の耐食性が劣ることから、めっき後にクロメート処理を行うことが重要です。クロメート処理によって得られる皮膜の主成分はクロム酸クロム$xCr_2O_3 \cdot yCrO_3 \cdot zH_2O$)です。防食効果と同時に光沢、淡黄色、黄色、緑色などの装飾効果を付与できます。

ニッケルめっきは、高い硬さだけでなく光沢性や耐食性が優れていることから、多くの分野で利用されています。また、耐食性向上を目的として、下地に銅めっき処理を行い、表面側にクロムめっきを追加処理することも多用されます。さらに、使用中に高面圧の負荷を受けるような部品の場合は、耐摩耗性を目的として、めっき前にあらかじめ浸炭焼入れなどの基材の強化処理を行うことが常套手段となっています。なお、硫酸ニッケルまたはスルファミン酸ニッケルを主成分とするめっき液を用いることが一般的です。

クロムめっきは、膜厚0・5μm以下の装飾用クロムめっきと2〜100μmの工業用クロムめっきに分類できます。前者は主にニッケルめっきの保護膜として、耐食性と光沢性を付与する目的で利用します。後者は硬さが800〜1000HVに達することから、硬質クロムめっきとして自動車部品、金型、機械用シャフトなどに利用されています。一方、硬質クロムめっきは耐摩耗性や離型性に優れていますが、400℃以上で急激な硬さ低下を生じることから、使用時の温度上昇に十分注意を払うことが必要です。

めっき液は、無水クロム酸と硫酸を主成分とするサージェント浴またはふっ化物を含むめっき液を用いることが一般的です。

要点BOX

- ●亜鉛めっきは防錆・防食のために
- ●ニッケルめっきは光沢性と耐食性を引き出す
- ●硬質クロムめっきは耐摩耗性と離型性に利点

主な電気めっき用めっき液

めっき膜	浴の名称		主成分	浴温〔℃〕
亜鉛(Zn)	アルカリ浴	ジンケート浴	酸化亜鉛、水酸化ナトリウム	15～30
		シアン浴	シアン化亜鉛、シアン化ナトリウム、水酸化ナトリウム	20～30
	塩化物浴	塩化アンモニウム浴	塩化亜鉛、塩化アンモニウム	15～30
		塩化カリウム浴	塩化亜鉛、塩化カリウム、ほう酸	15～30
ニッケル(Ni)	ワット浴		硫酸ニッケル、塩化ニッケル、ほう酸	50～60
	スルファミン酸浴		スルファミン酸ニッケル、塩化ニッケル、ほう酸	40～60
クロム(Cr)	サージェント浴		無水クロム酸、硫酸	45～60
	ふっ化物浴		無水クロム酸、硫酸、けいふっ化ナトリウム	45～60

NiめっきしたSPCCの断面顕微鏡組織

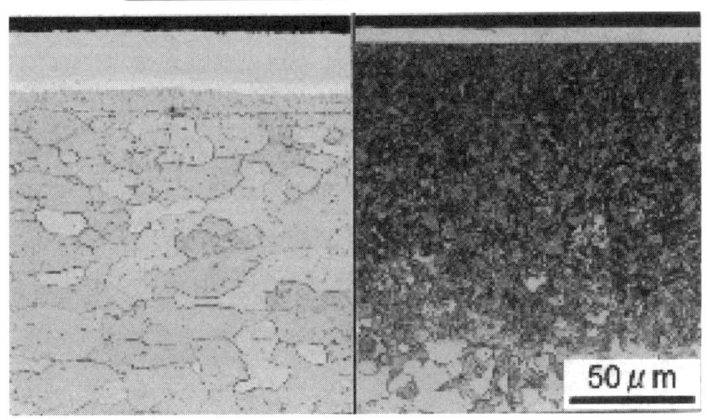

皮膜:Cu(下地)+Ni
基材:SPCC(焼なまし)

皮膜:Ni
基材:SPCC(浸炭焼入れ)

工業用クロムめっきの主な用途とめっき厚さの例

区分	用途	めっき厚さの例〔μm〕
ロール	高分子化合物用	30
	鉄鋼加工用	50
	非鉄金属加工用	30
金型	プラスチック成形用	10
	一般打抜および成形用	
	ガラス成形用	50
	鍛造用	30
シリンダおよびライナー	油圧・空気圧機器用	20
	ガソリンエンジン用	50
	ディーゼルエンジン用	100

区分	用途	めっき厚さの例〔μm〕
ピストンおよびピストンロッド	油圧・空気圧機器用	20
	ガソリンエンジン用	5
	ディーゼルエンジン用	100
ピストンリング	ガソリンエンジン用	50
	ディーゼルエンジン用	100
シャフト	一般機械用	30
	内燃機関用	50

JIS H 8615 参考付表1より抜粋

23 無電解ニッケルめっき

無電解めっきの代表選手

無電解ニッケルめっきは無電解めっきを代表する方法で、一般にニッケル-リン(Ni-P)めっきのことを指しています。Ni-Pめっきは、多くの特徴を有していることから広範囲の分野に適用され、JIS H8645において各評価項目を規定しています。主な適用分野としては精密機械や自動車部品、金型などがあり、いずれも耐摩耗性や耐食性の付与を目的としています。

めっき液の主成分は、ニッケル供給源である金属塩として硫酸ニッケルや塩化ニッケル、リン(P)の供給源であり、還元剤として次亜リン酸ナトリウム、その他にpH調整剤として水酸化ナトリウム、錯化剤としてクエン酸や酢酸など有機酸を用います。なお、Ni-Pめっきは自己触媒型還元めっきであることから、数十μm以上の厚いめっきが可能です。

Pの含有量は2～15mass%の範囲であり、5%以下のめっきは低リン、6～10%のめっきは中リン、11%以上のめっきは高リンと呼ばれています。このリンの含有量はめっき液のpHや錯化剤、その他添加剤の種類によって変化しますが、一般的な皮膜は8～10%です。

めっきの硬さは500～550HV程度ですが、熱処理によって硬化します。得られる硬さは加熱温度によって異なり、400℃ほどの熱処理ではこの皮膜の最高硬さが900～1000HVに達します。そのため、耐摩耗部品に広く利用されています。加えて、熱処理温度と加熱時間によって皮膜の硬さを制御できること、めっき対象物の材質や形状の制約をほとんど受けないことなどが大きな特徴です。

ただしNi-Pめっきは、硬質クロムめっきと同様に400℃以上の高温で急激に硬さが低下し、マイクロクラックが発生します。そのため最近では、高温硬さが優れるニッケル-ボロン(Ni-B)めっきやニッケル-リン-ボロン(Ni-P-B)めっきが実用化され、高温で使用する金型などに利用されています。

要点BOX

- 薬品のバランスが極めて重要になる
- 熱処理によって硬さが変化する
- 400℃以上は注意が必要

Ni-Pめっきの主なめっき液構成成分とその役割

構成成分		役割
種類	薬品例	
ニッケル塩	硫酸ニッケル、塩化ニッケル	ニッケルイオンの供給
還元剤	次亜リン酸ナトリウム	ニッケルイオンの還元、リンの供給
錯化剤	クエン酸、りんご酸	ニッケル塩の沈殿防止
促進剤	酢酸、こはく酸	反応促進、pH緩衝
安定剤	鉛化合物	めっき液の自己分解抑制
pH調整剤	水酸化ナトリウム	pH調整
その他	界面活性剤	ピット発生抑制

Ni-Pめっき膜の熱処理温度と硬さの関係

JIS H 8645付属書7表1より

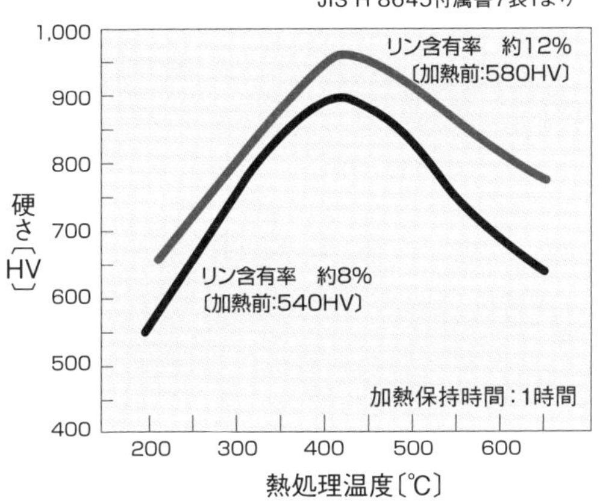

Ni-Pめっき膜の熱処理加熱時間と硬さの関係

JIS H 8645付属書7表2より

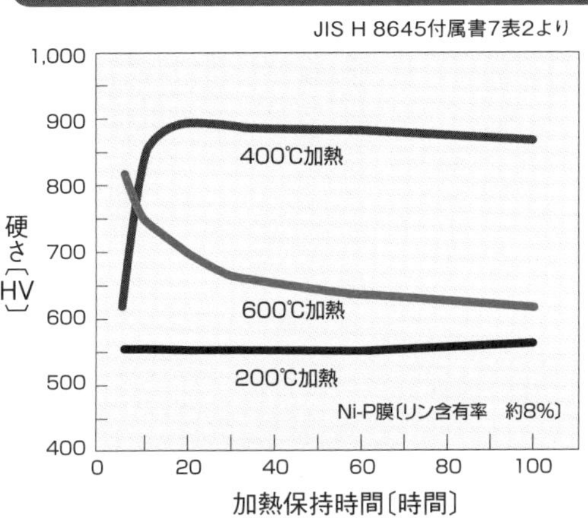

24 粒子分散めっき

粒子でめっきを高機能化

粒子分散めっきは、めっき膜のさらなる特性向上や新規機能性付与を目的として、セラミックを主体とした種々の微粒子を膜中に分散する方法です。分散したい微粒子を懸濁させためっき浴を用いてめっき処理を行うことで、金属が析出する際に同時に微粒子を取り込み、粒子分散めっきを形成します。

粒子分散めっきは、電気めっきおよび無電解めっきのいずれも可能ですが、機械部品や金型などで適用される場合が多いことから無電解めっきが頻繁に利用されています。機械部品や金型などの対象製品は複雑形状物が多く、均一な膜厚でめっき処理しやすい無電解めっきの方が適していることが理由の一つです。

分散粒子として、微粒子であればほとんどのものが使用できます。ただし、めっき液に対して不溶性であることが絶対条件です。なお、めっき膜内に粒子を分散する目的は、めっき膜の特性改善や新たな機能性を付与することです。したがって、不溶性であること、および目的に応じた特性付与を達成できることを満たすめっきと分散粒子の組み合わせは、かなり絞られることになります。

現在、粒子分散が適用されている主な金属めっきは、無電解のNi-Pめっきです。Ni-Pめっきに対する粒子分散の主な目的は、さらなる耐摩耗性付与（より硬くする）、自己潤滑性付与（摩擦係数を低減する）および、はっ水性付与（離型性を持たせること）です。ちなみに、現在最もよく利用されている分散粒子は、耐摩耗性の付与を目的として炭化けい素（SiC）、自己潤滑性やはっ水性の付与を目的としてふっ素樹脂（PTFE）や窒化ほう素（hBN）です。

Ni-Pめっきの熱処理後の硬さは900HV位ですが、SiCの粒子分散によって1200〜1300HVまで向上することが可能です。また、PTFE粒子を分散すると、膜硬さは低下しますが、摺動性や離型性が改善します。

要点BOX

- ●粒子をいろいろ選べる
- ●耐摩耗性を付与するときはSiC粒子
- ●潤滑性やはっ水性を重視するならPTFE粒子

粒子分散めっき膜の構成

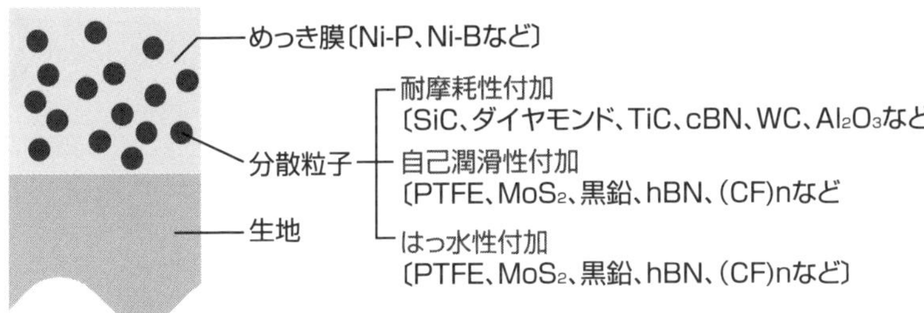

SiC粒子分散Ni-Pめっき品の断面顕微鏡組織

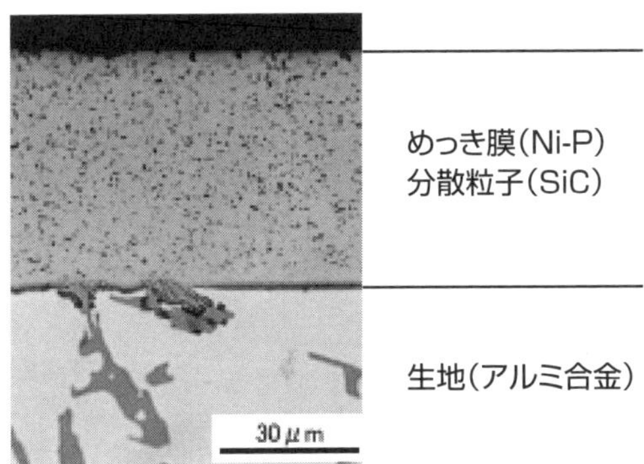

SiCおよびPTFE粒子分散めっきの特性

分散粒子		分散量〔vol%〕	膜硬さ〔HV〕	付加される特性
分散粒子	粒径〔μm〕			
–	–	–	熱処理前〔500～550〕 熱処理後〔750～1,000〕	耐摩耗性
SiC	20以下	20以下	熱処理前〔600～700〕 熱処理後〔1,200～1,300〕	耐摩耗性
PTFE	1以下	5～10	熱処理前〔450～550〕 熱処理後〔750～900〕	耐摩耗性、摺動性
		20～25	熱処理前〔300～400〕 熱処理後〔450～550〕	摺動性、離型性

25 溶融めっき

溶けた金属でめっきしよう

溶融めっきは、高温で溶融した金属中に処理物を浸漬し、表面に皮膜を形成する方法です。溶融めっきの代表は溶融亜鉛（Zn）めっき、溶融アルミニウム（Al）めっきであり、その他に溶融Zn-Alめっき、溶融鉛（Pb）-スズ（Sn）めっきなどが行われています。中でも溶融Znめっきと溶融Alめっきは、JISにおいて種類、記号、試験方法および作業標準を規定しています。溶融Znめっきの記号はHDZT、溶融Alめっきの記号はHDAであり、その後に膜厚などを示す番号がつけられています。

溶融Znめっきの主な目的は、鉄鋼材料の防錆です。他の表面処理と比べて防錆期間が長く、経済的な表面処理です。また、処理物の形状や大きさの制約をほとんど受けません。構造物では鋼製のボルトやナット、架線用金具、大型構造物などに適用されています。Znめっき鋼板は洗濯機や冷蔵庫など家電製品の外内板、屋根や壁など建材、自動車車体などによく利用されています。

Zn浴の温度は440～470℃で、処理物の寸法や材質、要求される付着量によって選定します。めっき層は純Zn層とZn-Fe合金層から構成され、付着量とはこの両方の層の合計を示します。処理温度が高くて浸漬時間が長いほど、付着量やZn-Fe合金層の割合は増加します。塗装性を重視する場合は、溶融Znめっき後に加熱炉を通過させて、Zn-Fe合金層を積極的に形成する合金化溶融Znめっきが行われます。主な用途として、自動車車体や家電製品、建材などに利用されています。

溶融Alめっきは耐食性や耐熱性が優れているため、徐々に応用範囲が広がっています。溶融Alめっきの防食機構は、表面の不動態化によるものです。溶融Alめっき鋼板は自動車のマフラーや排気系、加熱を伴うような家電製品に用いられ、連続溶融めっきラインで製造されています。

要点BOX
- ●高温で溶融した金属でめっきする方法
- ●鋼材の防錆には溶融Znめっき
- ●耐食性と耐熱性なら溶融Alめっき

JISによる溶融亜鉛めっきの種類と記号〔JIS H8641より〕

記号	膜厚〔μm〕	適用例
HDZT 35	35以上	厚さ5mm以下の素材、直径12mm以上のボルト・ナット、厚さ2.3mmを超える座金などで遠心分離によって亜鉛のたれ切りをするもの、または機能上薄い膜厚が要求されるもの
HDZT 42	42以上	厚さ5mmを超える素材で、遠心分離によって亜鉛のたれ切りをするもの、または機能上薄い膜厚が要求されるもの
HDZT 49	49以上	厚さ1mm以上の素材、直径12mm以上のボルト・ナットおよび厚さ2.3mmを超える座金
HDZT 56	56以上	厚さ2mm以上の素材
HDZT 63	63以上	厚さ3mm以上の素材
HDZT 70	70以上	厚さ5mm以上の素材
HDZT 77	77以上	厚さ6mm以上の素材

JISによる溶融アルミニウムめっきの種類と記号〔JIS H8642より〕

種類	記号	厚さ〔μm〕	付着量〔g／m^2〕	備考
1種	HDA 1	60以上	110以上	耐候性を目的とするもの
2種	HDA 2	70以上	120以上	耐食性を目的とするもの
3種	HDA 3	合金層厚さ50以上	ー	耐熱性を目的とするもの

溶融亜鉛めっきしたSS400の断面組織

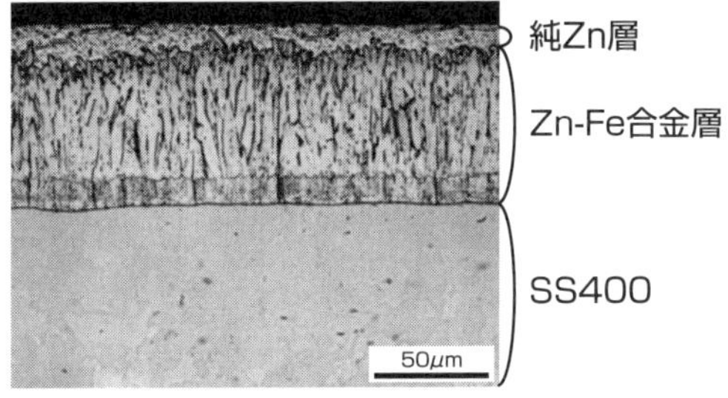

溶融亜鉛めっき層の形態

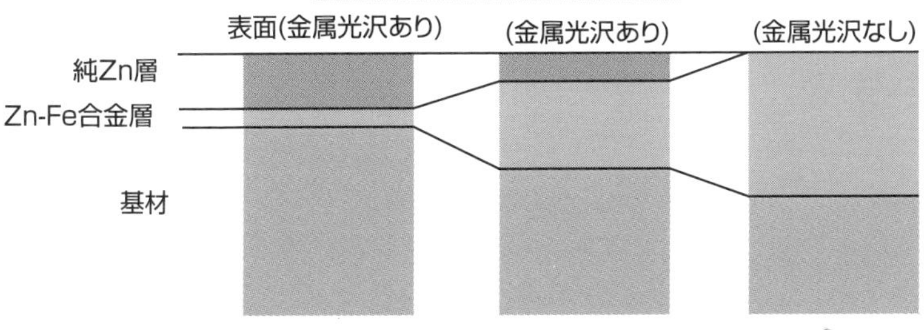

26 めっき膜の密着性評価法

密着性は最重要項目

皮膜の密着性は、めっきを適用する際の最重要項目として取り上げなければなりません。なぜなら、どれほどすばらしい特性を有する皮膜を開発できたとしても、十分な密着性を確保できなければ採用できないからです。

皮膜の密着性試験方法に関して、多くの試験方法が規格化されています。めっきについては、JIS H 8504において密着性試験方法として17種類の試験法を規定しています。試験片の形状や寸法、めっきとしての物理的・化学的特性や膜厚、評価すべきめっき品の使用状況とのマッチングなどを見極めた上で、評価法を決めることになります。

一般的に、操作が簡便で特別な装置を必要とせず、かつ多くの種類のめっきや素材で適用できることからテープ試験や曲げ試験がよく用いられています。また、めっきによっては個々のJIS規格に従い、JIS H 8504の中から密着性試験方法を特定している場合があります。防食や装飾を目的とするNiやZnめっきの場合、特に特定しているわけではありません。一方、Ni-PめっきやCrめっきなどの工業用めっきは、密着性試験方法を特定しています。例えば無電解Ni-Pめっきは、やすり試験、曲げ試験および熱衝撃試験のいずれかを使用することとしています。また、工業用Crめっきは砥石試験、曲げ試験および引張試験のいずれかとしています。

なお、めっきの密着性試験はほとんどが定性的な評価となっているため、原則として定量的に密着性の優劣を決定することは困難です。例外的に、プラスチック上への装飾用電気めっきに関しては、JIS H 8630で引張試験機による密着力の試験を規定しています。対象膜種は、NiをはじめCr、Au、各種合金膜を共通としています。この試験の場合、素地のプラスチックからめっきを引き剥がすために必要な力を直接測定することから、定量的な評価が可能です。

要点BOX
- ●めっきの密着性試験はJIS規格
- ●多くに適用可能なテープ試験と曲げ試験
- ●プラスチック素材は引張試験

JISによるめっき膜(金属素地)の密着性試験法

試験方法 JIS H8504	めっき金属(4桁の数字はJIS Hに続く規格番号)							
	Ni-P 8645	工Cr 8615	Sn 8619	工Au 8620	工Ag 8621	飾Ag 8623	工Ni 8626	Zn(8610) Ni(8617)
やすり試験	○				○		○	JIS H 8504による
砥石試験		○					○	
へらしごき試験			○	○	○			
押出試験								
エリクセン試験								
ショットピーニング試験					○			
バレル研磨試験					○			
テープ試験			○	○	○	○		
はんだ付け試験					○			
たがね打込試験							○	
けい線試験								
曲げ試験	○	○	○	○	○	○		
巻付け試験				○	○			
引張試験		○						
加熱試験				○	○		○	
熱衝撃試験	○		○	○	○		○	
陰極電解試験								

Ni-P：無電解めっき、工：工業用、飾：装飾用

プラスチック上への装飾用電気めっき(JIS H 8630)に対する密着性試験法

対象膜種:Ni、Cr、AuおよびAu合金、AgおよびAg合金、Sn-Ni合金、Sn-Cu-Zn合金、Sn-Ni-Cu合金

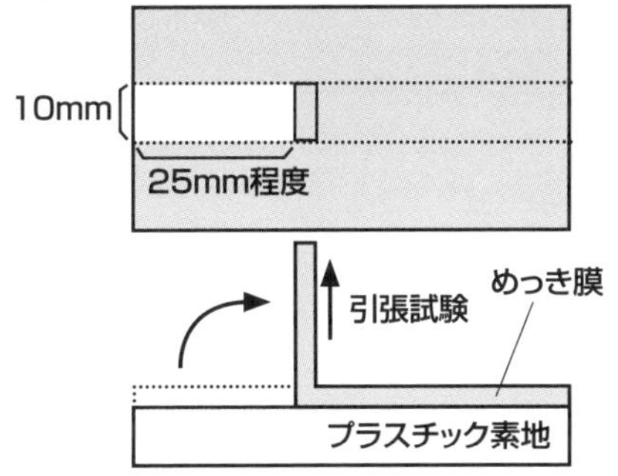

密着力試験(引張試験機による)

※①めっき後、80℃で1時間熱処理を施すか、
　めっき後48時間以上経過したものを用いる
※②引張速度は通常25mm／分

Column

めっきと環境規制

環境問題はすべての業界において最重要課題に据えられていることから、いろいろな業界団体で多くの環境規制が制定され、めっき業界も最優先課題として取り組んでいます。

めっき工程内では多くの化学薬品を使用することから、以前よりも有害物質を用いない代替技術の開発や、排水処理による無害化などの環境対策が盛んに行われてきました。一例を挙げると、有機溶剤(トリクロロエチレンなど)による脱脂を、アルカリ浸漬脱脂やエマルション脱脂などに置き換えることで有機溶剤の使用量を削減しています。

EUにおけるWEEE指令(電子・電気機器の廃棄に関する指令)に基づくRoHS指令(特定有害物質使用制限指令)では、六価クロムや鉛などの最大許容濃度を設定していることから、これらを使用しない三価クロム化成処理、エッチング工程のクロムフリー化、鉛フリーはんだめっきなどが開発されました。その他、毒性の強いシアン化合物を使わないめっき液として、ジンケート浴(亜鉛めっき)や、シアンフリー金めっき、シアンフリー銀めっきなどが実用化しています。

日本では水質汚濁防止法により、ほう素やふっ素、亜鉛などの元素について工場排水内の含有量を規制しています。これらを排出しないために、めっき工程の見直しや新たな排水処理技術の開発、ほう素フリーニッケルめっきなどの代替技術の開発が進められているところです。

環境規制	主な規制対象物質	代替めっき技術
WEEE指令 RoHS指令	六価クロム	三価クロム化成処理、 エッチング工程のクロムフリー化
	鉛	鉛フリーはんだめっき、 無電解ニッケルめっきの鉛フリー化
水質汚濁防止法	シアン	シアンフリーめっき(亜鉛、金、銀など)
	ほう素	ほう素フリーニッケルめっき
	亜鉛	排水処理、めっき工程改善

第4章 美観を保護する塗装

27 塗料

塗装対象は大きさ、形自由

塗装とは、被塗物の表面に塗料を塗布することにより、塗膜層を形成する加工工程です。塗装の主な目的は、被塗物の保護（防食）と美観の付与です。一方、常温で施工できること、塗装対象物の大きさや形状などにほとんど影響されないことなど、他の表面処理にはない特徴を有しています。特に大型構造物や建築物、自動車などは塗装が必須と言っても過言ではありません。そのため個々に要求される用途に適用すべく、多種類の塗料が製造・販売されています。

塗料は、樹脂を主原料として顔料、溶剤および使用目的に即した添加剤から構成されています。顔料は主に塗膜の色彩を決定し、樹脂は主に塗膜の形成とその特性を決定します。また、溶剤は樹脂の溶解や顔料の分散を助ける働きをする重要な役割を担っていますが、塗装後に揮発します。

塗料を分類する場合、樹脂の種類によるもの、使用用途によるもの、塗装法によるものなど多くの分類法があります。樹脂物性が塗料性能に大きく影響することや塗料用途がわかりやすいため、一般には樹脂別か用途別に分類されることが多いです。

例えば、建築物などの耐候性を付与する塗料としてアクリル樹脂やウレタン樹脂、シリコン樹脂、ふっ素樹脂が用いられています。耐久性はふっ素樹脂が最も優れていますが、非常に高価であることから一般家庭ではほとんど使用されません。一般的な塗料はアクリル樹脂ですが、ふっ素樹脂よりも耐久性がかなり劣るだけでなく、塗装仕様・施工法などにも影響を及ぼします。

また、使用する環境によっては使用できない樹脂や添加剤があるため、環境適合性にも十分に注意を払わなければなりません。例えば、家庭内で使用する塗料はホルムアルデヒド防腐剤を含まないこと、またユリア系樹脂、フェノール系樹脂、メラミン系樹脂を含まないことなどのJIS規定があります。

要点BOX
- ●塗装は塗料の調合が生命線
- ●特性に合わせて塗料樹脂を選ぶ
- ●環境適合性に留意しよう

塗料の構成

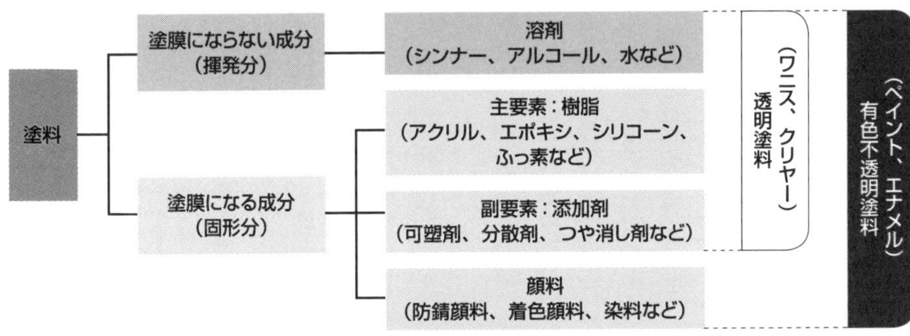

各成分の働き

主要素	樹脂	塗料の主体となる成分。顔料の結合剤と見なすこともできる接着成分でもある。その種類によって、用途・性能が決まる
	反応性モノマー	塗膜形成の成分の一部で、反応性を持った希釈剤として使用される
副要素	添加剤	塗料と塗膜の性状の向上・調整・安全化のための補助成分および機能性の付与剤
顔料	防錆顔料	鉄の腐食（錆）を抑制または防止する作用を付与する粉末
	着色顔料	塗膜を着色し、不透明にして被塗物を隠蔽する作用を付与する粉末
	染料	塗膜を着色し、透明着色を付与する粉末
	体質顔料	塗膜を緻密にしたり、膜厚を増やしたりする作用を付与する粉末
溶剤	有機溶剤・水	塗膜形成主要素である樹脂の溶解や顔料を濡らし分散を助ける成分で、塗装後は蒸発して塗膜中には残らない

塗料の分類

分類種類	代表例
対象別	建築用塗料、船舶用塗料、重防食用塗料、自動車用塗料、家庭用塗料など
被塗物素材	プラスチック用塗料、紙用塗料、ゴム・皮革用塗料、木工用塗料、非鉄金属用塗料、鉄鋼用塗料など
塗料の状態	調合ペイント、油性塗料、水性塗料、粉体塗料など
塗膜の外観	着色塗料、透明塗料、つやあり塗料、つやなし塗料、メタリック用塗料など
顔料の種類	ジンクリッチペイント、アルミニウムペイント、鉛丹塗など
樹脂	アルキド塗料、アクリル樹脂塗料、エポキシ樹脂塗料、ウレタン樹脂塗料、ポリエステル樹脂塗料、シリコーン樹脂塗料、ふっ素樹脂塗料など
乾燥機構	常温乾燥型塗料、酸化重合型塗料、焼付乾燥型塗料、紫外線硬化型塗料など
塗装工程	下地塗料、目止め塗料、下塗塗料、中塗塗料、上塗塗料、仕上げ塗料など
塗装方法	はけ塗り用塗料、吹き付け塗り用塗料、ローラー塗り用塗料など
塗膜の特殊機能（性能）	さび止め塗料、船底防汚塗料、防かび塗料、抗菌塗料、耐熱塗料、蛍光塗料、防火塗料、防音塗料、示温塗料、電気絶縁塗料、張り紙防止塗料、汚染防止塗料、結露防止塗料、着雪防止塗料など

28 塗装前の素地調整

塗装前に前処理しよう

塗装の前処理は素地調整とも呼ばれ、塗装する目的に応じて被塗物の素地にいろいろな前処理を施工し、塗装しやすく、機能を発現しやすい表面をあらかじめ準備する工程です。塗装の最初の工程に当たりますが、塗膜付着性だけでなく塗膜の防食性や耐久性など、塗膜性能に大きな影響を及ぼす重要な工程です。

金属被塗物の表面には油脂、さび、汚れなどが付着しています。これらを取り除く前処理は、脱脂、さび落とし、皮膜化成処理に分類できます。

脱脂は、金属表面に付着している油脂を溶剤やアルカリ溶液で取り除く作業です。油脂には、防錆油、潤滑油などの鉱物油や動植物油があります。鉱物油はトリクロルエチレン（トリクレン）、パークロルエチレン（パークレン）などの溶剤を、動植物油は苛性ソーダ、炭酸ソーダなどのアルカリ溶液を用います。

さび落としは、金属表面に付着している赤さびや黒皮を除去する作業です。さび落としの方法には、圧縮空気や機械的な力で粒体を加工面に打ちつけるブラスト法、ワイヤブラシ、ディスクサンダーを用いる物理的方法、酸またはアルカリ水溶液中に浸漬させる化学的方法に分類できます。

皮膜化成処理は、金属素地表面にできるだけ均一な層を形成することにより金属素地の防食性を高め、塗料との付着性を向上する方法です。リン酸塩化成皮膜処理、クロメート化成皮膜処理、陽極酸化皮膜処理などの方法があります。

プラスチックの前処理は、素材の耐溶剤性、成形作業に使用される離型剤、油脂の付着に考慮が必要です。素材表面に残存する離型剤は、イソプロピルアルコールで脱脂するだけでも効果があります。プラスチックの素地調整は、研磨法、脱脂法、薬品処理、表面改質処理法などに分類され、実用的に可能と判断できる方法を採用することが肝要です。

要点BOX
- ●塗装前の素地調整は必須
- ●脱脂、さび落としで不純物を除去しよう
- ●皮膜化成処理により均一層を形成する

金属素地調整の種類

脱脂	溶剤脱脂	鉱物油の除去に有効
	アルカリ脱脂	動植物油の除去に有効
さび落とし	物理的方法	被塗物上のさびを機械的工具で除去し、塗膜の付着性向上させる方法で厚物板材に対し有効
	化学的方法	酸（鉄鋼材料）またはアルカリ水溶液（アルミニウム）中に浸漬させる方法。複雑形状な薄物板材のさび除去に有効
皮膜化成処理	リン酸塩化成皮膜処理	鋼板や亜鉛めっきの表面に不溶性の緻密な結晶を持った、リン酸塩皮膜を形成させる処理
	クロメート化成皮膜処理	亜鉛めっきやアルミなどの活性な表面にクロメート皮膜を形成させせる処理
	陽極酸化皮膜処理	アルミニウムの表面に薄い酸化皮膜を電気化学的につくって、より耐久性を向上させる処理

塗装前処理の器具例

ブラスト加工処理装置

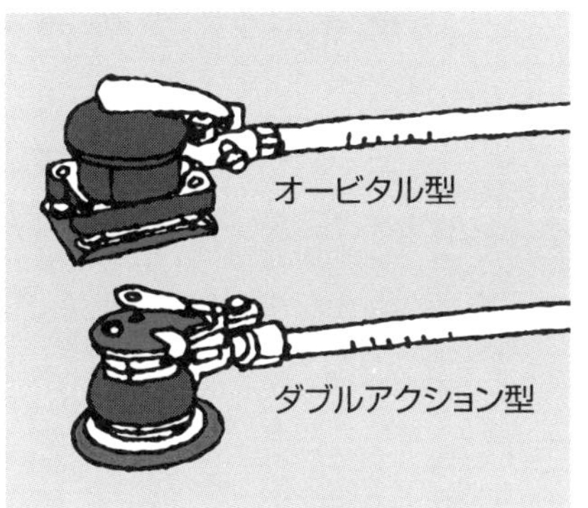

研磨装置

ワイヤブラシ

プラスチック素地調整の種類

研磨法	研磨紙などにより機械的に付着している異物を取り除く
脱脂法	水や溶剤に浸漬し、スプレーなどで付着している異物を取り除く
薬品処理法	酸、アルカリ、酸化剤などを用いて表面の異物を取り除くのと同時に、官能基の導入による親水化や付着性の向上および粗化表面をつくる
表面改質処理法	活性のガスを用いて表面の異物を取り除くのと同時に、水酸基やカルボキシル基のような親水基を形成させ、塗料の付着力を改善させる
プライマー処理	接着剤と仲立ちをするプライマーを塗布して親和性のある表面とする

29 溶剤塗装

小物から大型構造物まで幅広く利用

溶剤塗装の方法として、塗料を霧にして施工する霧化塗布と、塗料をそのままの状態で被塗物へ塗りつけるバルク塗布があります。溶剤塗装は最も一般的な塗装法で、小物から大型構造物まで広範囲の分野で利用されています。バルク塗布は、はけ塗りやローラー塗りなどの施工方法から、大掛かりな機械や装置を用いるものまで種々の方法があります。

はけ塗り塗装やローラー塗装は、建築物の壁や床など身近なものを対象として行われています。工業製品が対象の場合は、対象物によってスプレー塗装、ロールコーター塗装、浸漬塗装、電着塗装などが使い分けられています。

スプレー塗装は、圧縮空気を用いて塗料を噴射するエアスプレー塗装、圧縮空気を用いないで塗料そのものに圧力をかけて噴射するエアレススプレー塗装があります。前者は多品種少量の小物向きですが、後者は大型建築物や車両など大面積の被塗物に用いられます。なお、スプレー塗装は鉄製品の補修に用いられることがありますが、この場合、汚れやさび、旧塗膜の除去、さらに塗装箇所の粗面化などの前処理工程が重要です。

大型ローラーによって塗装するロールコーター塗装は、グラビア印刷のように平板や鋼板などの平面に薄く、均一に塗装する際に有効です。

浸漬塗装は、塗料中に直接被塗物を浸漬して引き上げる方法で、「ディッピング」や「どぶ漬け塗装」とも呼ばれています。自動車部品や電気部品などの小物部品に利用されています。

電着塗装は、水溶性の塗料において適用できる方法で、塗料に150～300V程度の電圧を印加することで塗料の電気分解を引き起こし、塗装する方法です。電気めっきと同様に、塗装品を陰極にする場合は「カチオン電着塗装」、陽極にする場合は「アニオン電着塗装」と呼ばれます。

要点BOX
- ●溶剤塗装は代表的な塗装法
- ●霧化塗布は塗料を霧にして施工する
- ●バルク塗布は塗料を被塗物へ塗りつける

塗装方法の一覧例

塗布形態	手段及び道具	塗装方法及び塗装機器
微粒化しない（バルク塗布）	浸漬付着	浸漬塗り（ディッピング）
	電解付着	電着塗装
	スリットから流す	フローコート
	へら	へら塗り、へら付け
	刷毛	刷毛塗り
	ローラー刷毛	ローラー刷毛塗り
	ロールコーター	ロールコート
微粒化する（霧化塗布）	圧縮空気による微粒化	エアースプレー
	液圧による微粒化	エアレススプレー

電着塗装とは

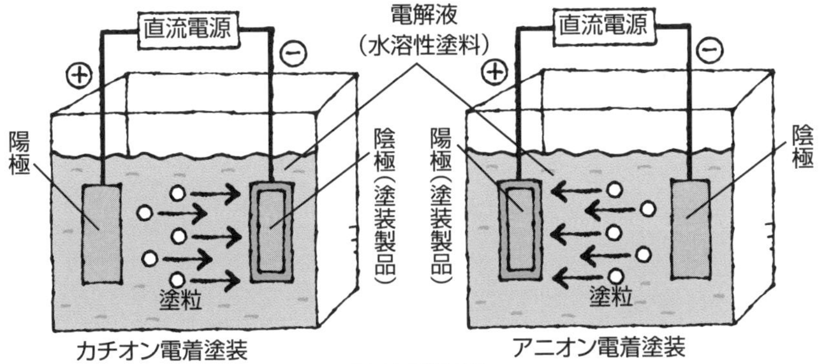

直流電源
⊕
⊖
電解液（水溶性塗料）
陽極
陰極（塗装製品）
塗粒
カチオン電着塗装

直流電源
⊕
⊖
陽極（塗装製品）
陰極
塗粒
アニオン電着塗装

塗装の工程

屋外鉄製品の場合

表面清浄化（汚れ、さび、旧塗膜の除去） → 粗面化（研磨） → マスキング → 下塗り（さび止め） → 自然乾燥 → 上塗り（1回目） → 自然乾燥 → 上塗り（2回目） → 自然乾燥（完成）

電着塗装品の場合

脱脂（アルカリ洗浄） → 水洗・乾燥 → 化成処理 → 水洗・乾燥 → マスキング → 電着塗装（カチオン） → 水切り・乾燥・焼付け → 完成
水切り・乾燥・焼付け → 上塗り（静電粉末塗装） → 焼付け → 完成

30 粉体塗装

水や溶剤を使わない塗装

粉体塗装は、粉末状の塗料を用いて塗装する方法で、最大の特徴は水や有機溶剤などをまったく使わないことです。被塗物に粉状のまま付着させ、焼付け過程で粉体を溶融して塗膜を形成します。粉体塗装法としては流動浸漬法と静電吹付法があり、塗装原理はまったく異なります。

流動浸漬法は、粉末塗料の容器において底部から吹き込んだ圧縮空気で塗料を流動し、その中に塗装したい製品を浸漬する方法です。この場合、塗料を付着させるために、塗料の融点よりも高い温度（200～400℃）にあらかじめ製品を加熱します。塗料として熱可塑性のポリエチレン、ポリアミド、ポリ塩化ビニルなどが使用されます。色替えが容易なため、少量多品種の塗装に適しています。

塗料容器の中では、塗料が製品に接触した際に、その熱で溶融し塗膜が形成します。所定時間保持した後に塗料容器から取り出して冷却すれば、基本的に塗装完了です。後加熱する場合もありますが、主な目的は塗膜の溶融や硬化ではなく塗装面の平滑化です。なお、この塗装法は厚膜（100～1000㎛）を容易に得られることから、防食を目的にする場合に非常に有効です。

静電吹付法は、スプレーガンを用いて塗装する方法で静電気を利用します。スプレーガンの中で粉末塗料に高電圧を印加して帯電し、その逆極性に設定した製品に圧縮空気で粉体を吹きつけます。この場合、静電気の作用で粉体塗料が引きつけられて製品に付着するため、複雑形状物でも製品を移動することなく均一な処理が可能です。

しかし、塗膜が厚くなると静電効果が弱くなることから、塗料の付着量は減少します。均一な膜厚制御はできますが、流動浸漬塗装のような厚膜を得るのは困難です。塗料として熱硬化性のエポキシやポリエステル、アクリルなどが使用されます。

要点BOX
- 粉体塗装は粉末状の塗料を塗装する
- 流動浸漬法は容器内で熱と圧力を用いて塗装
- 静電吹付法は静電気を利用して付着させる

流動浸漬塗装の概略

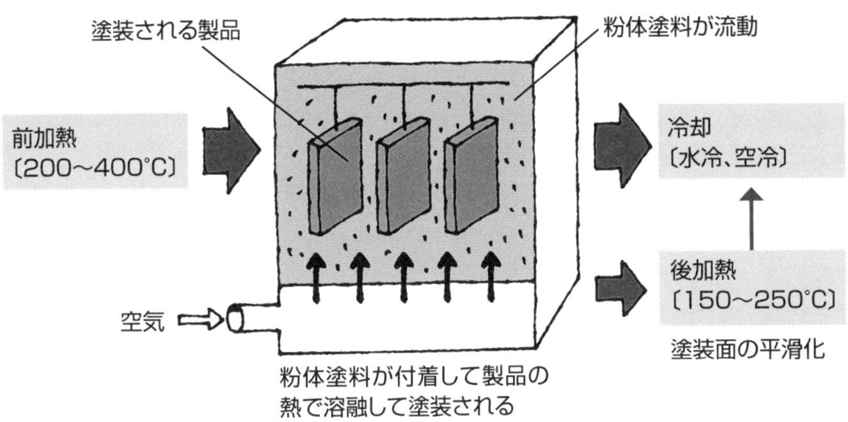

静電粉末塗装の概略

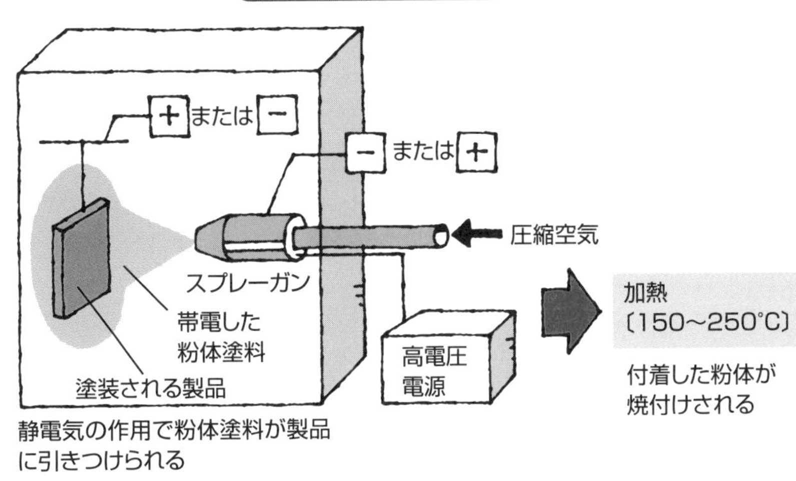

主な粉体塗料用樹脂の長所・短所

塗装方法	塗料の樹脂系	長所	短所
流動浸漬法	ポリエチレン	耐薬品性、耐寒性に優れる	皮膜表面硬度が低い
	ポリアミド	耐候性、耐水性、耐衝撃性に優れる	プライマーが必要
	ポリ塩化ビニル	耐候性、耐薬品性、耐食性に優れる	プライマーが必要
静電吹付法	エポキシ	耐食性、耐薬品性、電気絶縁性に優れる	耐候性が悪い
	ポリエステル	耐候性、耐食性、機械的強度に優れる	塗膜硬度がやや低い
	アクリル	耐候性、耐汚染性に優れる	鉄素材の場合は耐食性がやや劣る

31 ライニング

化学工業など多くの分野で利用

ライニングは内張りとも呼ばれており、防錆・防食を目的として化学工業をはじめ多分野で利用されています。種類としてはゴムライニングや樹脂ライニング、グラス（ガラス）ライニングなどがあり、用途に応じていくつかの方法を使い分けます。

ゴムライニングは、接着剤で練生地シートを接着した後に加圧加硫する方法で、主にロールや各種貯蔵タンクに利用します。

樹脂ライニングは、使用するライニング材料が樹脂であることから、基本的には厚塗り塗装として位置づけられることが多い方法です。液状樹脂を塗る液状ライニング、粉末樹脂を加熱して溶融する粉体ライニング、板状樹脂を張りつけるシートライニングなどの方法があります。液状ライニングの塗装法として、塗りっぱなしで施工が終わる常温施工（常温乾燥、常温硬化）と焼付けを伴う加熱施工（加熱硬化、加熱溶融、ゲル化）があり、使用する塗料の種類で分類できます。粉体ライニングの塗装法としては溶射法や流動浸漬法、パウダースプレー法、ディスパージョン法があり、使用する粉体樹脂の溶融温度によって使い分けることが一般的です。

一方で、対象物に応じてライニングの種類を使い分けることもよくなされます。例えば異形配管の内面を加工する場合、シートライニングや粉体ライニングは施工困難ですが、液状ライニングを用いると容易に施工できます。水道や海水用配管をはじめ、各種貯蔵タンクなどに広く用いられます。

また、樹脂を強化したものとしてFRPライニング、数μmのフレーク状のガラスを添加したフレークライニングも行います。

グラスライニングは、基本的には鋼製品にガラスを溶融コーティングする方法です。主な目的は耐食性（特に耐薬品性）を付与することで、各種貯蔵用タンクの内面保護によく利用します。

- ●熱、圧力、接着などを利用するライニング
- ●ゴム、樹脂、ガラスなどの施工が可能
- ●対象物に応じて使い分けることが肝要

ライニングの種類と用途例

種類		主なライニング材	用途例
ゴムライニング		天然ゴム、ポリウレタンゴム、ニトリルゴム、クロロプレンゴム	ロール、貯蔵タンク、バルブ
樹脂ライニング	シートライニング	ポリ塩化ビニル、ふっ素樹脂、ポリプロピレン	水道用鋼管、排水用鋼管、貯蔵タンク、海水用配管、ポンプ、継手、化学装置
	液状ライニング	エポキシ、不飽和ポリエステル、フェノール	
	粉体ライニング	ポリエチレン、ポリ塩化ビニル、ふっ素樹脂	
FRPライニング		ガラス繊維／ビニールエステル、エポキシ、ポリエステル	貯蔵タンク、海水用パイプ、アスファルト防水、化学装置
フレークライニング		ガラスフレーク／ビニールエステル、エポキシ、ポリエステル	
グラスライニング		ガラス	各種貯蔵タンク

各種樹脂ライニングの方法

ライニングの種類		方法
液状		液状樹脂をスプレー塗装などで塗布する。常温施工と加熱施工がある
粉体	溶射法	樹脂粉末を火炎の中に通過させ、半溶融状にして吹きつける
	流動浸漬法	樹脂粉末を気流中に浮遊させておき、この中へ予熱した器物を浸漬する
	パウダースプレー法	予熱した機器に樹脂粉末を直接吹きつける
	ディスパージョン法	樹脂粉末を溶剤や水に浮遊懸濁させたディスパージョンをスプレーなどの方法で塗布し、加熱炉で加熱する
シート		樹脂の板やフィルムを接着剤やビス止めで張りつけ、継ぎ目を溶接する

ライニング鋼管の三態

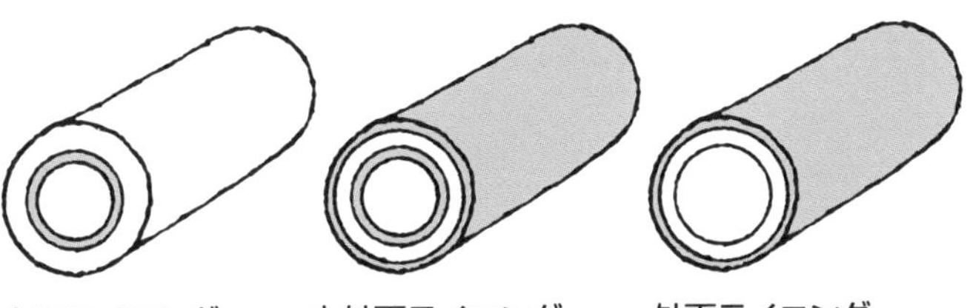

32 印刷

いろいろな印刷方式

印刷方式の種類は、一般に版式によって分類が可能です。凸版印刷、凹版印刷、平版印刷、孔版印刷の4種類があり、それぞれに個々の特徴を活かした製品としての印刷が行われています。

凸版印刷は一般的な印鑑と同じで、インキのつく箇所を凸状として印刷する方法です。板状の版や輪転式の方法があり、活版印刷やフレキソ印刷が凸版印刷に分類できます。活版印刷は、以前は新聞や雑誌の印刷に使われていた方法で、現在はほとんど利用されていません。鉛を主体にスズとアンチモンを加えた合金でつくられた活字を組み合わせた版で印刷する方法です。フレキソ印刷は、フレキシブル（弾性力がある）なゴム版や樹脂版を使う方法で、無数のくぼみがあるアニロックスローラーでインキを凸版表面につけて印刷します。

凹版印刷は凸版印刷の逆で、凹部にインキをつめて印刷する方法です。グラビア印刷がその代表です。回転式の印刷機を用いる方法で、軟包装への印刷に利用されています。

平版印刷は、版上に親水箇所と疎水箇所があり、疎水箇所にのみインキが付着することで印刷する方法です。現状最も一般的な印刷方法であるオフセット印刷は、平版印刷で行われており、各種パンフレットやポスターなどの印刷に利用されています。

孔版印刷とは、インキを転写したい箇所のみ孔がある版を用いる方法で、スクリーン印刷がその代表です。スクリーン印刷は、繊維やステンレス製のスクリーンメッシュを用いる方法で、一般的な印刷用液状インキだけでなく、ペースト状インキも使用できます。工業的な機能性表面処理の手段としても利用されています。

印刷用インキの基本構成は塗料とほとんど同じで、顔料、ワニス（ビヒクル）を主剤とし、これに若干の添加剤（補助剤）を加えた3つの要素から成り立っています。

要点BOX

- 代表的な印刷方式は4種類
- 個々の特徴を活かして使い分ける
- 印刷用インキは顔料、ワニス、添加剤が主成分

印刷法の版式による分類

インキ
版
凸版印刷
孔版印刷
印刷物
印刷物
版
版
インキ
凹版印刷
親水箇所
（インキが乗らない箇所）
平版印刷
親油箇所
（インキが乗る箇所）

主な印刷の種類と概略

印刷の種類	適用版	概略
オフセット印刷	平版	版につけたインキをゴム製ブランケットに転写し、それを印刷物に転写する
グラビア印刷	凹版	回転式の印刷機を使用するもので、フィルムなど包装紙の印刷によく用いられている
活版印刷	凸版	低融点合金製の活版を用いるもので、以前は新聞や雑誌の印刷の主流であった
フレキソ印刷	凸版	ゴムや樹脂など柔軟性のある版を用いるもので、各種紙器の印刷によく用いられている
スクリーン印刷	孔版	繊維やステンレス製のスクリーンメッシュの開口部からインキを吐出させるもの
インクジェット印刷	ー	インキを加圧してノズルから噴出させるもので、インキの帯電粒子を偏向して印字する

印刷インキの原材料

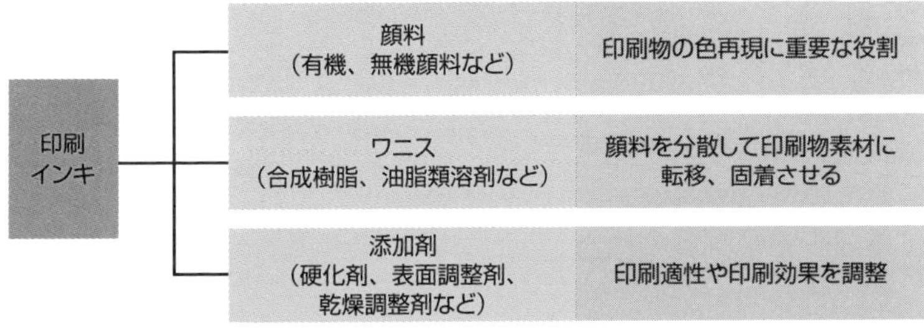

33 JISによる塗膜の評価法

付着性、引っかき硬さ、耐摩耗性が指標

塗料・塗膜の性能や性質を知ることは、製品開発をはじめ実際の塗装作業の管理、製品評価を行う上で重要です。JIS K 5600-1999塗料一般試験方法では、品質管理を目的とした試験方法が規格化されています。

塗膜にはさまざまな試験があり、試験条件や使用する試験機器が決まっています。ここでは、塗膜試験における機械的性質の評価について、品質管理によく用いられるクロスカット試験、鉛筆引っかき試験、耐おもり落下性試験、テーバー式摩耗試験について紹介します。

クロスカット試験は、塗膜の付着性を調べるための試験です。塗膜にカッターナイフとカッターガイド、または専用の切り込み工具を使用して25マスの格子状の切り込みを入れます。格子パターンを入れた部分にセロハン粘着テープを強く圧着して引き離し、分類0から分類5までの6段階で評価します。

鉛筆引っかき試験は、塗膜の硬さを調べるための試験です。試験方法は、6B～6Hまでの14段階の鉛筆を用いて750gの荷重下で塗面を45°の角度で引っかき、塗膜の傷が認められない最も硬い鉛筆の濃度記号を鉛筆引っかき値として評価します。

耐おもり落下性試験は、塗膜が変形したときの割れや素地からの剥がれを調べるための試験です。試験方法として落体式、落球式、デュポン式の3種類があり、中でもデュポン式が最もよく用いられています。一定の高さからおもりを落下させる方法、または塗膜の割れ・剥がれが認められない最も高いおもり高さで評価します。

テーバー式摩耗試験は、塗膜の耐摩耗性を調べるための試験です。研磨紙法、摩耗輪法の2種類があり、摩耗輪法が最も用いられています。下地や下層膜が露出するまでの回数か、一定条件後の摩耗減量で評価します。

要点BOX

- 各種塗膜試験はJISで規格化
- 塗膜物性試験の代表選手はクロスカット試験
- 塗膜独自の物性を把握する鉛筆引っかき試験

JIS K5600-1999の試験項目

塗膜の視覚特性	塗膜の機械的性質	
●隠ぺい力 ●色の目視比較 ●測色 ●鏡面光沢度	●耐屈曲性 ●耐カッピング性 ●耐おもり落下性 ●引っかき硬度（鉛筆法） ●引っかき硬度（荷重針法） ●付着性（クロスカット法）	●付着性（プルオフ法） ●耐摩耗性（研磨紙法） ●耐摩耗性（摩耗輪法） ●耐摩耗性（試験片往復法） ●耐洗浄性
塗膜の化学的性質	**塗膜の長期耐久性**	
●耐液体性（一般的方法） ●耐液体性（水浸漬法） ●耐加熱性	●耐中性塩水噴霧性 ●耐温性（連続結露法） ●耐温性（不連続結露法） ●耐温潤冷熱繰返し性 ●促進耐光性	●屋外暴露耐候性 ●促進耐候性（キセノンランプ法） ●促進耐候性（紫外線蛍光ランプ法） ●サイクル耐食試験方法

代表的な塗膜物性試験

評価	分類0	分類1	分類2
	どの格子の目にも剥がれがない		
	分類3	**分類4**	**分類5**
			4よりさらに悪い

クロスカット試験の評価図

鉛筆引っかき試験の一例

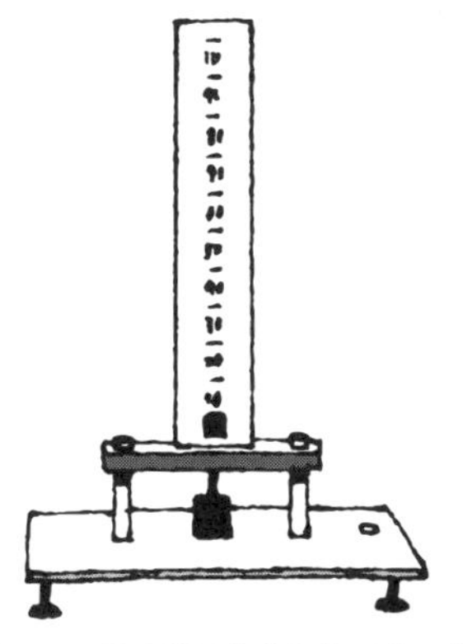

耐おもり落下性試験（デュポン式）

耐摩耗性試験（テーバー式）

Column

製品の寿命を調べるには

私たちの身の周りには多くの塗装製品があります。塗装の主な目的は、被塗物の保護と美観の付与です。したがって、光や塩分など周囲の環境因子による被塗物のさびや変色を、塗装により保護することが重要な役割の一つです。

耐食性や耐候性は、塗膜や被塗物の品質保証に関する重要な機能です。長期間使用できる製品保証や性能維持など、表面処理企業にとっても他社製品との差別化を行う上で重要な評価項目となります。

耐食性評価は、製品のさびにくさを短期間で評価する試験です。塩化ナトリウム溶液を噴霧し、加温、高湿下で試験する塩水噴霧試験、実際の環境との相関性を高める目的で、塩水噴霧、乾燥、湿潤などの腐食因子を複数組み合わせて行う複合サイクル試験などがあり、JIS規格で規定されています。

耐候性評価は、人工光源を用いて製品表面の退色などを短期間で評価する試験です。人工光源には種類があり、太陽光に近似しているキセノンアークランプ、太陽光の紫外線領域を再現する紫外線蛍光ランプなどがあり、JIS規格で規定されています。

耐食性試験や耐候性試験により、加速試験として製品寿命を短期間で評価することは可能です。一方、製品により使用環境が異なることから、何時間試験を実施すると実際の使用期間の何年相当になるなどの基準は存在しません。したがって、実際に使用する環境で製品の暴露試験を行い、それぞれの試験結果の相関性を取ることが大切です。

試験方法の種類

- 耐食性試験
  - 中性塩水噴霧試験
  - 酢酸酸性塩水噴霧試験
  - キャス試験
  - 複合サイクル試験
- 耐候性試験
  - 紫外線カーボンアーク
  - サンシャインカーボンアーク
  - キセノンアークランプ
  - 紫外線蛍光ランプ
  - メタルハライドランプ

第5章 薄くて硬いドライコーティング

34 PVD法とCVD法

成膜技術の代表選手

ドライコーティングは気相めっきとも呼ばれ、気相（気体やイオンなど）を用いて成膜する技術であり、「物理蒸着法」と「化学蒸着法」に分類できます。

①物理蒸着法（Physical vapor deposition：PVD）

PVD法は、一般的に真空蒸着・イオンプレーティング・スパッタリングに分類され、真空中での低温成膜処理を特徴としています。成膜原料に固体を使用するケースが多く、真空環境での昇華現象やスパッタ現象などを利用して固体材料を粒子化し、基材表面に物理的に原料粒子を堆積する方法です。

基材自体を高温に加熱する必要がなく、耐熱性の低い材種をはじめとした幅広い素材に成膜できることや、得られる皮膜の表面が平滑となることなどが利点として挙げられます。一方、原料粒子は基材方向に対して指向性のある飛び方をするため付きまわり性が悪く、複雑形状の製品に均一に成膜することが難しいなどの課題もあります。

②化学蒸着法（Chemical vapor deposition：CVD）

CVD法は、成膜原料に気体を使用する方法で、複数の原料ガス同士を化学反応させて膜を形成する方法です。粒子を基材表面に物理的に堆積するPVD法とは形成メカニズムが異なります。複数の気体による熱平衡反応によって成膜する熱CVDや、プラズマによる反応促進作用により気体の反応温度を低温化したプラズマCVDなど、気体の化学反応を誘起する方法に応じて細分化されています。

CVD法は反応ガスの組み合わせにより多様な皮膜が得られ、炭化物や窒化物、酸化物なども形成可能です。また基材表面での化学反応を利用するため、ガスが入り込むことが可能な形状であれば、付きまわり性の良い皮膜が得られるなどの利点があります。一方、金属系皮膜を形成する場合は塩化物などのハロゲン系の気体を用いなければならず、環境汚染に考慮することが求められるなど課題もあります。

要点BOX

- ●ドライコーティングは気相めっき
- ●蒸発、昇華現象を利用する物理蒸着法（PVD）
- ●化学反応を利用する化学蒸着法（CVD）

ドライコーティングの分類

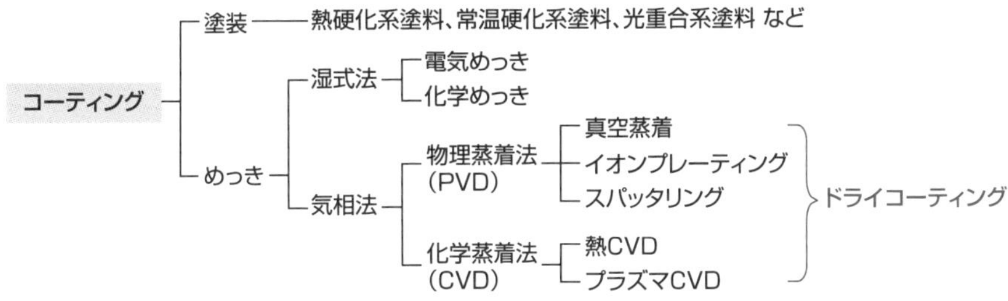

PVD法の原理(真空蒸着)　　CVD法の原理(プラズマCVD)

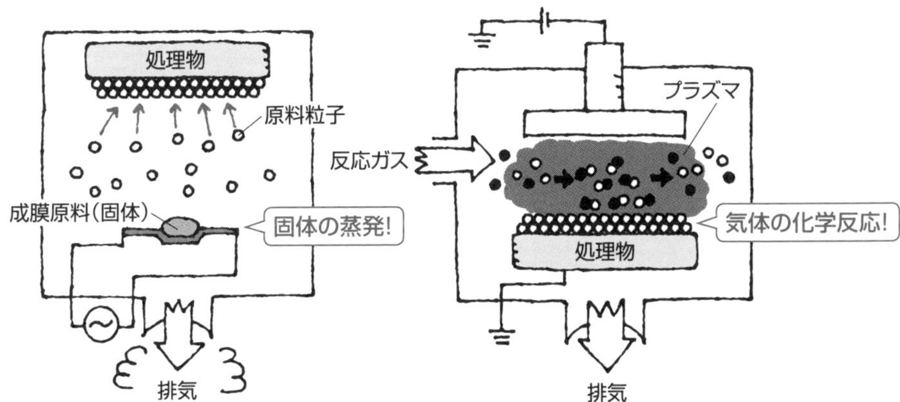

PVD・CVDによる硬質膜生成時の比較

比較項目	PVD			CVD	
	イオンプレーティング		スパッタリング	熱CVD	プラズマCVD
	ルツボタイプ	非ルツボタイプ			
成膜温度〔℃〕	100~500			500~1,200	100~600
成膜原料	金属、セラミックス			ガス	
適用基材	鋼、非鉄、セラミックス、超硬、樹脂			高合金鋼、セラミックス、超硬	
主な実用硬質膜	TiN、TiC、TiCN	TiN、TiAlN、CrN、TiCrN、CrAlN、DLC		TiN、TiC、TiCN、W_2C、Al_2O_3	TiN、TiC、TiCN TiAlN、DLC
皮膜の表面粗度	小さい	小さい(*1)	小さい	大きい	小さい
処理後の研磨	不　要	不要(*2)	不　要	必　要	不要(*2)
後熱処理(鋼の場合)	不　要			必　要	不要
付きまわり性	悪　い			良　好	
微細孔内面への成膜	困　難			可　能	やや困難
装置のインライン化	困難	容易(実働している)		困難	

*1：ドロップレットが存在する場合は表面粗さが大きい
*2：膜種やコーティング品の使用状況によっては研磨を必要する場合もある

35 固体の昇華を利用するPVD法

真空蒸着は、減圧状態の容器内で固体原料を加熱して昇華し、発生した蒸発粒子を基材表面に堆積することで皮膜を形成する方法です。したがって、成膜容器内の圧力が低い（真空度が高い）ほど、および固体原料の昇華温度が低いほど、容易に皮膜を形成することができます。

蒸発源の加熱方法として、「抵抗加熱方式」と「電子ビーム加熱方式」が普及しており、蒸発する固体原料の種類に応じて使い分けます。抵抗加熱方式は、WやTaなどの高融点材料のヒーターに固体原料を直接設置して加熱する方法です。装置構成が簡易で安価なため、実験室規模でも活用されています。電子ビーム加熱方式は、固体原料に収束した電子ビームを照射することで加熱する方法です。抵抗加熱方式では昇華することが難しい高融点材料に適していいます。また、蒸発量の長時間制御が容易であるため、装置のインライン化や大型化も可能です。このような理由から、主に産業用途としても活発に利用されています。

真空蒸着はコンタミの少ない高純度な皮膜を形成可能ですが、他のPVD法の皮膜と比較して密度が小さく密着性が劣ります。なぜなら、昇華した原料粒子がイオン化せず中性であるため、基材への電圧印可によるイオン引き込み効果などを期待できないからです。改善策として近年では基材表面に対して、ガスイオン照射を行いながら成膜するイオンビームアシスト蒸着などが実用化しています。

真空蒸着の採用が多い膜種としては、アルミニウムや金、銀などの金属皮膜が挙げられ、ミラーとしての反射増加膜や特定波長の光をカットする反射防止膜、表面の摩擦抵抗を下げる軟質膜として使用されています。一方で真空蒸着は原料として使用できる材料が限られるほか、合金や酸化物・窒化物・炭化物の形成が困難などの課題があります。

要点BOX
- ●固体を昇華して成膜する真空蒸着法
- ●真空技術を活用して昇華温度を低下させる
- ●高純度金属皮膜に適切な成膜法

蒸着材料の気化または昇華温度と圧力の関係

圧力 [×1.3Pa]	気化または昇華温度(°C) ( )内は融点(°C):圧力の影響はほとんど受けない								
	Cr (1857)	Al (660)	Ti (1660)	Au (1063)	Ag (961)	Al_2O_3 (2050)	TiO_2 (1860)	PbO (886)	MgF_2 (1266)
10^4	2,307	2,137	2,847	2,397	1,817	>3,000	>3,000	1,265	2,007
10^3	1,987	1,817	2,457	2,057	1,539	>3,000	>3,000	1,085	1,709
10^2	1,737	1,572	2,167	1,787	1,327	2,727	2,552	944	1,451
1	1,397	1,222	1,727	1,412	1,027	2,245	2,104	745	1,155
10^{-2}	1,157	992	1,437	1,152	827	1,905	1,780	605	964
10^{-4}	982	817	1,217	962	681	1,637	1,527	500	799

基本的な真空蒸着の原理

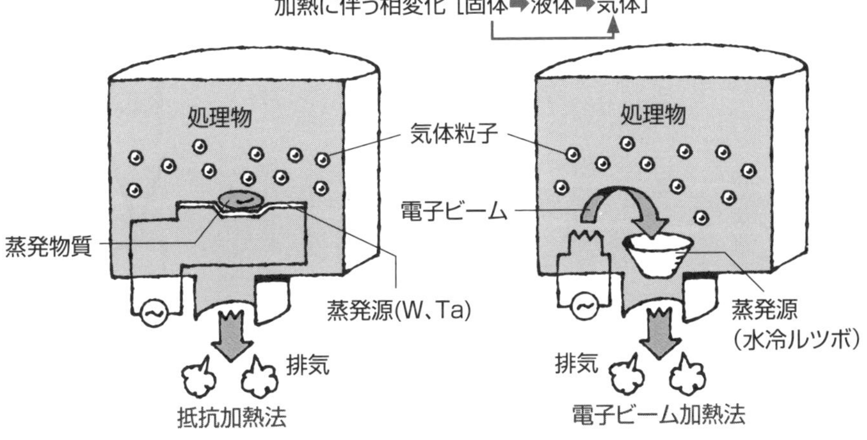

アルミ蒸着したガラス断面のSEM観察像

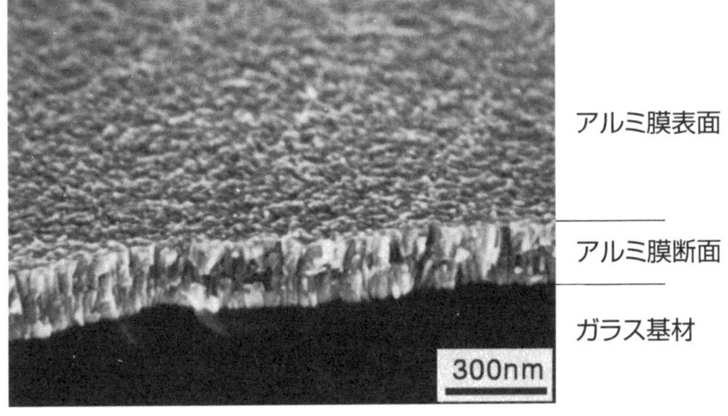

36 蒸発粒子イオンを利用するPVD

イオンプレーティング

　イオンプレーティングは、固体の昇華粒子を原料とする点で真空蒸着と似ていますが、粒子自体のイオン化を促進する点が異なります。蒸発粒子をイオン化した上で基材に電圧を印加すると、イオン化した粒子が電気的に基材に引き寄せられます。このときの印加電圧や真空度などに応じて、とある運動エネルギーを持った粒子が基材表面に衝突します。粒子の衝突エネルギーは皮膜の密着性や密度に大きな影響を及ぼすことから、印加電圧や真空度を制御することで皮膜の諸特性を制御できるのです。

　イオンプレーティングは、固体原料の蒸発機構とイオン化促進機構により分類できます。最初に提案されたイオンプレーティングは、直流グロー放電を利用する方式でした。しかし、イオン化効率が低いことや成膜基材の温度が上昇しやすいこと、炭化物や窒化物の成膜が困難であることなど多くの問題があり、現在主流となっている硬質皮膜の形成は困難でした。

　これらの問題点を改善する目的で、近年では高周波励起法や中空陰極放電法、アーク蒸着法などが開発され、さまざまな用途で使用されています。

①高周波励起法

13・56MHzの高周波振動によってイオン化を促進する方法で、成膜基材の温度上昇を抑えた皮膜形成処理が可能になる方法です。

②中空陰極放電法

アルゴンガスの中空陰極放電による電子ビームを用い、固体蒸発源の加熱やイオン化を同時に行う方法です。このため別個のイオン化促進方法が不要で、生産性に優れています。

③アーク蒸着法

　蒸発源をターゲットとしてアーク放電を発生させ、蒸発粒子の生成とイオン化を同時に行う方法です。蒸発源の設置位置を処理物の形状によって自由に設計可能で、他の方式では不可能な合金膜が形成できます。

- ●固体の昇華とイオン化によるイオンプレーティング
- ●イオンプレーティングの原型は直流グロー放電
- ●高周波励起法は一般的な励起法

イオンプレーティングの基本原理と皮膜形成過程

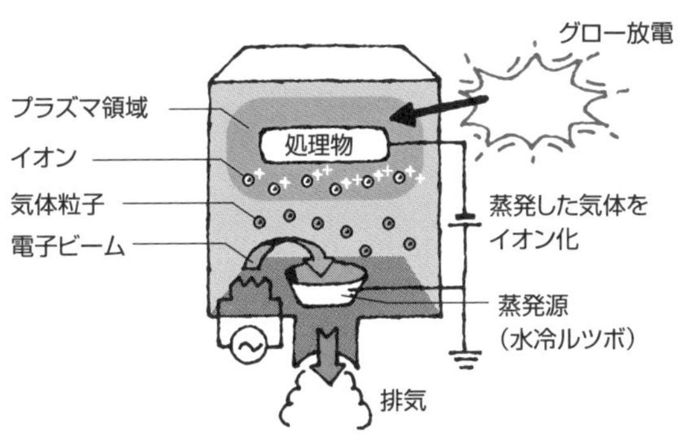

イオンプレーティングにおける皮膜生成過程

❶真空中で蒸発材料が加熱される
❷蒸発材料が気体となる
❸気体粒子がプラズマ領域でイオン化する
❹電圧を印加した成膜母材にイオン化した粒子が引き寄せられて衝突する
❺気体粒子が冷却されて母材表面で固体になる
❻粒子が母材表面に堆積する
❼皮膜が形成される

イオンプレーティングの分類と開発動向

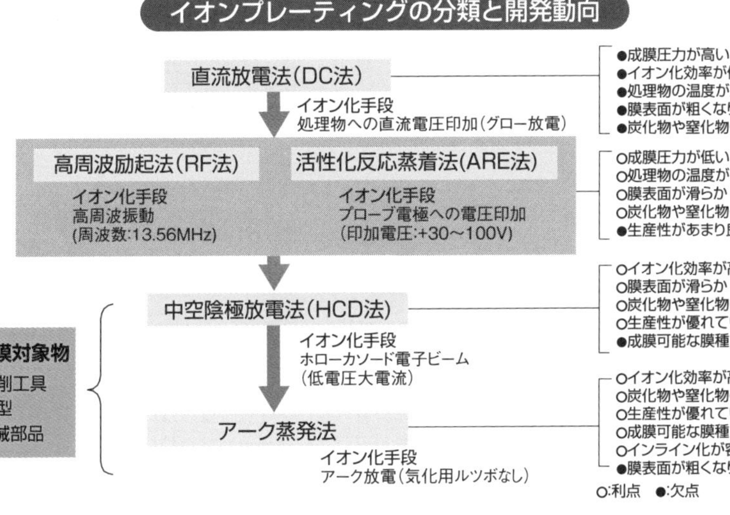

直流放電法(DC法)
- ●成膜圧力が高い
- ●イオン化効率が低い
- ●処理物の温度が上昇しやすい
- ●膜表面が粗くなりやすい
- ●炭化物や窒化物の成膜が困難

高周波励起法(RF法)・活性化反応蒸着法(ARE法)
- ○成膜圧力が低い
- ○処理物の温度が上昇し難い
- ○膜表面が滑らか
- ○炭化物や窒化物の成膜が容易
- ●生産性があまり良くない

中空陰極放電法(HCD法)
- ○イオン化効率が高い
- ○膜表面が滑らか
- ○炭化物や窒化物の成膜が容易
- ○生産性が優れている
- ●成膜可能な膜種が少ない

アーク蒸発法
- ○イオン化効率が高い
- ○炭化物や窒化物の成膜が容易
- ○生産性が優れている
- ○成膜可能な膜種が多い
- ○インライン化が容易
- ●膜表面が粗くなりやすい

○:利点　●:欠点

垂直ビーム型中空陰極放電法(HCD法)の概略

アーク蒸発法の概略

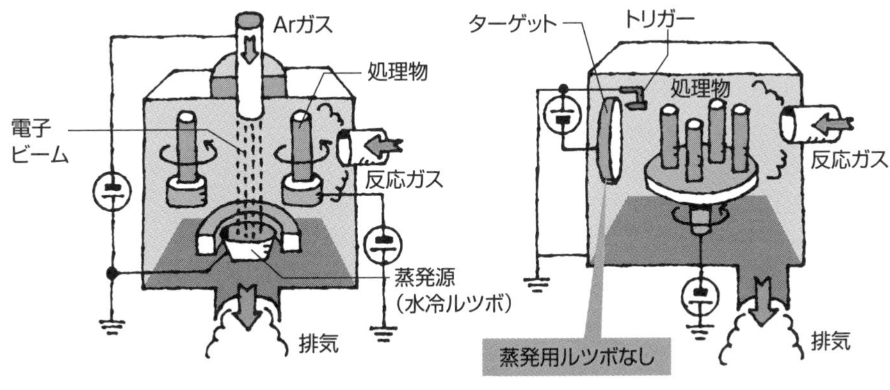

37 イオン衝撃を利用するPVD法

スパッタリング

スパッタリングは、減圧環境で固体にイオンが衝突することで、固体の構成物質が原子・分子の状態で叩き出される現象のことです。この現象を成膜技術に活用し、そのまま成膜法の名称になっています。

スパッタリングの基本原型は直流2極スパッタリングです。この方法は原料となるターゲットを陰極（－極）、成膜基材を陽極（＋極）とし、Arガスを導入した減圧状態で高電圧を印可します。すると、ターゲット近傍のグロー放電領域内のArガスがイオン化するとともに、－極であるターゲットの表面に引き寄せられて衝突します。このArイオン衝撃で叩き出された粒子は、＋極である成膜母材に引き寄せられて堆積し、皮膜が形成されます。

一方、この方法では、原料となるターゲットは導電性の物質に限られることから、絶縁物でもスパッタリングが可能な高周波（RF）スパッタリングが開発されました。しかし、成膜速度が遅いなどの問題を抱え、工業的な応用が限られていました。そこで、成膜速度を改善すべくマグネトロンスパッタリングが開発されたのです。

この方法は、ターゲット背面に磁石を設置して磁力を生み出すことで、ターゲット表面に電子を補足することができます。その結果、電子密度の増加によりArガスのイオン化が促進し、ターゲットへのArイオンのスパッタ効率の改善と高速成膜を達成しました。さらに、近年ではマグネットによる磁場を意図的に非平衡にし、成膜基材表面までプラズマ効果が及ぶようにしたアンバランスドマグネトロンスパッタリングや、マイクロ波と電子サイクロトロン共鳴を利用してプラズマを生成するECRスパッタリングも開発されています。

スパッタリングを用いる成膜方法は、他のPVD法では困難な合金膜や複合膜の形成に特に有効な手法で、チタン系やクロム系、カーボン系などさまざまな皮膜形成に活用されています。

●イオン衝撃で叩き出された固体粒子で成膜する
●グロー放電により導入ガスをイオン化
●磁場によりイオン化を促進する

直流2極スパッタリング

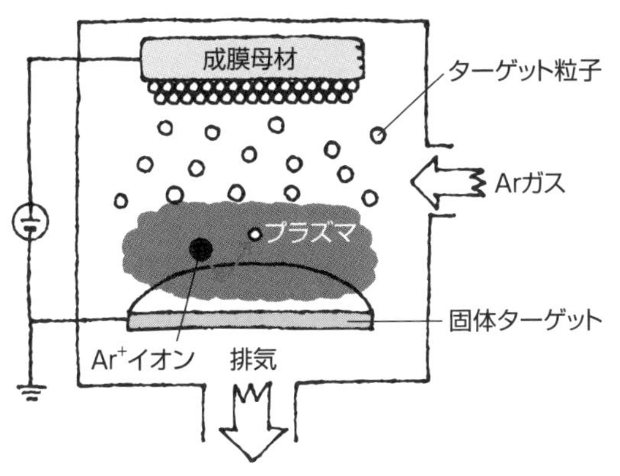

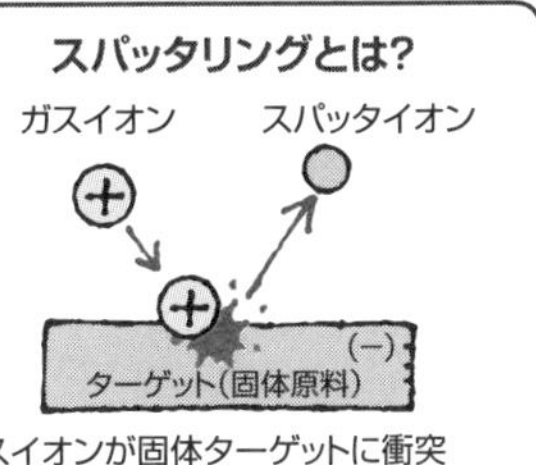

スパッタリングにより弾き出された
粒子の堆積で薄膜形成

⬇

✓ 高融点の材料も原料にできる
✓ ガス導入で窒化物も形成可能

マグネトロンスパッタリング

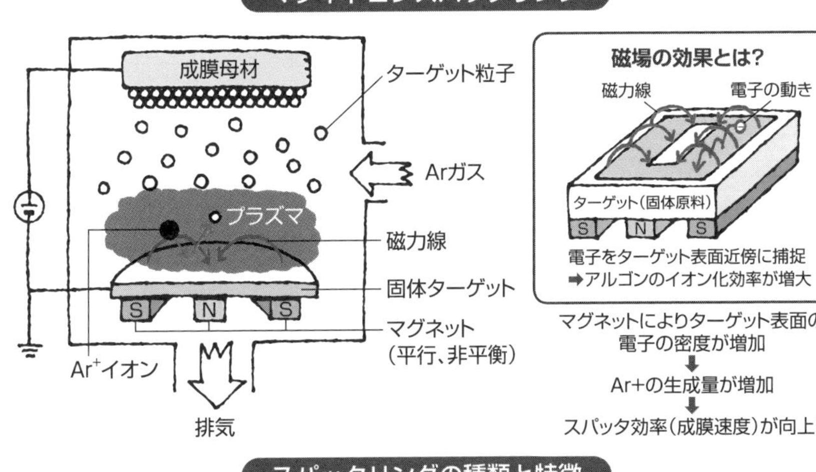

スパッタリングの種類と特徴

種類	特徴
2極DCスパッタリング	スパッタリングの基本原理である。ターゲットそのものが一極で、プラズマ(DCグロー放電)の発生とイオンの加速を同時に行う
多極DCスパッタリング	3極または4極スパッタリングで、プラズマを発生させるための熱陰極が別に配置してあり、広範囲の成膜圧力が採用できる
RFスパッタリング	RF(周波数:13.56MHz)によるグロー放電を利用するため、対象ターゲットは絶縁物質まで採用でき、広範囲の膜種の生成が可能である
マグネトロンスパッタリング	ターゲットの背面にマグネットを配置して電離効率を高めたもので、成膜速度が速い。低圧で成膜可能なため低温スパッタリングとしても需要が多い
ECRスパッタリング	マイクロ波(周波数:2.45GHz)と電子サイクロトロン共鳴(ECR)現象とを利用してプラズマを発生させるもので、広範囲の膜種を低温高速で得られる
イオンビームスパッタリング	プラズマの発生は専用箇所で行われ、マグネットで加速されてターゲットを叩く。高真空下での成膜が可能なため高純度の皮膜が得られる

38 PVD法の注意事項

昇温因子と付きまわり性

PVD法は、低温で成膜処理できる利点があります。しかし一方で、軟化温度や融点の低い材料を成膜基材とする場合は、処理時の温度上昇に対して十分な注意が必要です。

①昇温因子の把握

CVD法は、成膜基材を外部ヒーターで所定の温度に加熱保持し、かつステージに固定した状態で処理するため、処理中の温度は比較的正確に測定できます。一方でPVD法は、固体原料の設置箇所から成膜基材に向かって原料粒子が飛散するため、均一な成膜のために部品を自公転することがほとんどです。そのため、成膜基材の温度を正確に測定することが困難です。また、蒸発源からの輻射熱やイオン衝突により、細物や薄物の成膜部品は容易に加熱され、局所的に所定の制御温度以上に上昇することも珍しくありません。さらに制御用の温度センサーは、蒸発源からの輻射熱やイオン衝突の影響を受けにくい箇所に設置することが多く、成膜基材の温度は温度計に表示される数値よりも高くなる傾向にあります。したがって、薄物や細物、エッジ部のあるものなど昇温しやすい部品では、蒸発源からの輻射熱を受けないように設置するなどの工夫が肝要です。

②付きまわり性の把握

PVD法は、原料粒子およびイオンがある程度の指向性を持って飛散するため、複雑形状物への均一成膜は困難です。特に蒸発源に背を向けているような箇所は、皮膜の形成自体が不可能となる場合もあります。PVD法において、付きまわり性の悪さは避けようのない特徴の一つであることから、現状は処理物の配置などの事前セッティングや工夫により対処することが求められます。産業規模の成膜装置は、成膜処理品を設置する治具として自公転などの回転機構が備わっていることから、処理物の形状に即した治具の選定と併せて活用するとよいでしょう。

要点BOX
- ●局所的な温度上昇に注意しよう
- ●成膜処理の指向性にも留意
- ●治具を活用して処理品の設置を工夫する

PVDにおける処理物の昇温因子

温度センサー（熱電対など）

成膜母材

薄物
細物
エッジ部
昇温しやすい

加熱
輻射
イオン衝突

外部ヒーター
蒸発源
プラズマ

制御用温度計の温度＝処理物表面の温度ではない!

カーボン膜の生成におけるイオン衝突による温度上昇の影響

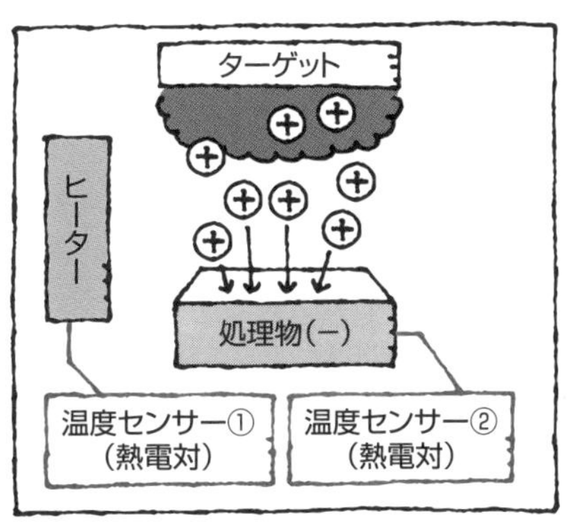

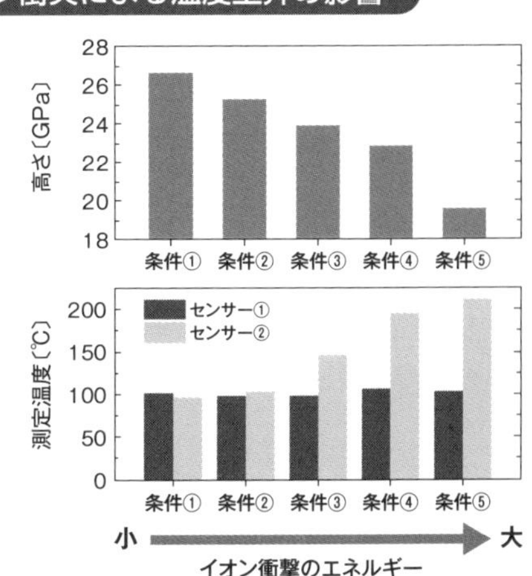

成膜時の処理物設置状況と各面の平均膜厚

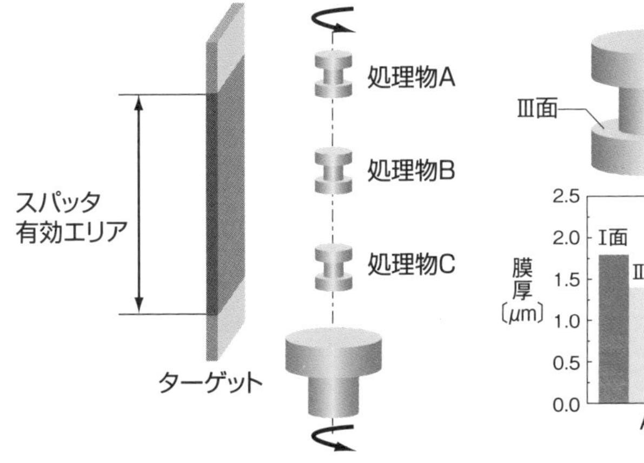

Ⅰ面
Ⅱ面
Ⅲ面

膜厚〔μm〕
2.5
2.0
1.5
1.0
0.5
0.0
Ⅰ面
Ⅱ面
Ⅲ面
A
B
C
処理物

39 熱エネルギーを利用するCVD法

熱CVD

熱CVD法は、何らかの加熱方式により成膜基材を所定の温度に加熱し、そこに反応物質や反応ガス、キャリアガスを導入して、ガスの化学反応により皮膜を形成する方法です。反応物質として、塩化物をはじめとしたハロゲン化物を用いることが多く、反応ガスやキャリアガスは水素単独またはその他のガス（窒素ガス・炭化水素系ガスなど）を用います。処理槽の圧力は、大気圧または真空状態（10^3～10^5Pa）に保たれており、前者を常圧熱CVD法、後者を減圧熱CVD法と分類する場合もあります。

TiN膜の形成を行う場合、反応物質は四塩化チタン（$TiCl_4$）、反応ガスは窒素（N_2）、キャリアガスは水素（H_2）を用いるのが一般的です。$TiCl_4$は室温の大気圧環境では液体であるため、あらかじめ加熱して気化し、不純物を除去したキャリアガスとともに処理槽に送ります。1000℃程度に加熱した成膜基材の表面に、これらのガスを流し込むことで皮膜を形成します。

熱CVD法は、ガスが入り込める形状であれば成膜基材のどこでも皮膜を形成できるため、付きまわり性が良く、PVD法では不可能とされている狭小内面にも適用できます。そのため、金型などの複雑形状物に各種硬質皮膜を形成する方法として、頻繁に活用されます。一方、高温下での処理のため皮膜の結晶粒が粗大化し、表面粗さが増加することが課題の一つです。したがって、鏡面を必要とするプラスチック成形用金型などに採用する場合は、後処理として研磨などが必須となります。また、処理に伴う変寸や変形に注意が不可欠です。

熱CVD法によるプロセスは、反応物質としてハロゲン化物を多用するため、環境汚染の観点から排ガスの処理にも注意すべきです。特にTiNなどの皮膜形成は、排ガスとして腐食性の強い毒ガスである塩化水素（HCl）が発生するため、排ガス装置を介して破棄することが求められます。

要点BOX
- ●加熱ガス反応を利用する熱CVD法
- ●複雑形状物に有利な成膜法
- ●熱影響に留意したい

熱CVDの成膜プロセスと成膜装置の概略

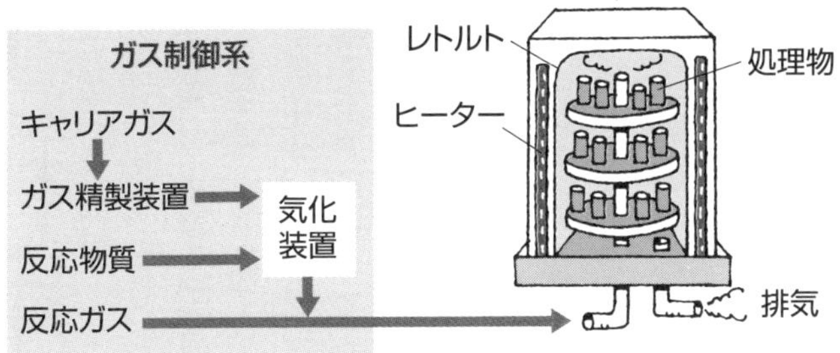

熱CVDによって生成される皮膜の反応物質と反応ガス

膜種	反応物質	反応ガス	キャリアガス	排ガス	反応温度[℃]
TiN	$TiCl_4$	N_2	H_2	HCl	1,000～1,200
TiC	$TiCl_4$	CH_4、C_2H_2	H_2	HCl	1,000～1,200
Al_2O_3	$AlCl_3$	CO_2	H_2	HCl,CO	800～1,000
ZrN	$ZrCl_4$	N_2	H_2	HCl	800～1,000
BN	BCl_3	N_2	H_2	HCl	1,200～2,000

①TiN膜の生成反応式:$2TiCl_4+N_2+4H_2 \rightarrow 2TiN+8HCl$
②TiC膜の生成反応式:$2TiCl_4+C_2H_2+3H_2 \rightarrow 2TiC+8HCl$
③Al_2O_3膜の生成反応式:$2AlCl_3+3CO_2+3H_2 \rightarrow Al_2O_3+6HCl+3CO$

CVDによって生成した硬質膜の表面状態

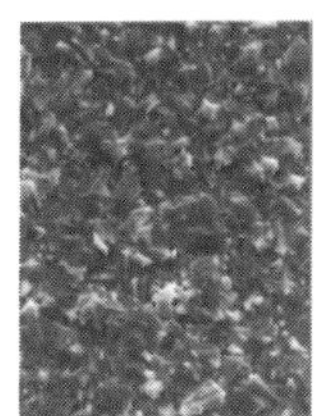

TiC/TiCN/TiN
熱CVD〔1,000°C〕

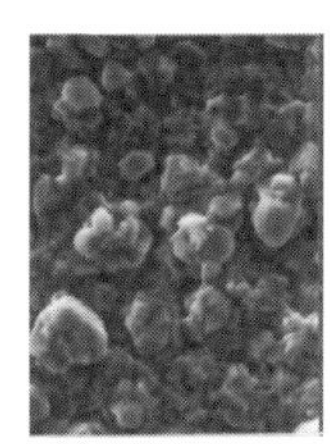

TiC/TiCN/Al_2O_3
熱CVD〔1,000°C〕

TiN
P-CVD〔550°C〕

40 プラズマを利用するCVD法

プラズマCVD法は、熱CVD法と同様にガスの化学反応を利用して皮膜を形成する方法ですが、エネルギーの供給方法として熱ではなくプラズマを利用する点が異なります。プラズマによる高エネルギー反応促進機構を応用していることから、熱CVD法と比較してより低温での皮膜形成が可能で、低融点材料をはじめとしたさまざまな素材に適用が可能です。プラズマの生成は直流放電や高周波振動、マイクロ波を用いる方法などが開発されており、その方法に応じてさらに細分化されています。

①直流プラズマCVD

直流（Direct current: DC）放電を利用する方法で、成膜基材を陰極（－極）としてグロー放電を発生し、ガス反応を促進する方法です。この方法でTiN膜を形成する際の処理温度はおおむね500℃であり、熱CVD法での処理温度（1000℃）と比較すると大幅に低温化していることがわかります。

②高周波プラズマCVD

高周波振動によってガス反応を促進する方法で、13・56MHzの周波数がよく用いられます。プラズマCVDの中では、比較的装置が簡便で大型化も容易です。成膜母材を直接高周波振動させる方法と、高周波コイルを用いる方法があります。

③マイクロ波プラズマCVD

導波管を通して処理槽内に2・45GHzのマイクロ波を導入し、ガス反応を促進する方法です。安定したプラズマが得られやすく、制御が容易であることから研究分野でも頻繁に利用されています。一方、周波数によって処理槽の最大寸法が制限されることから、大型化が困難という課題があります。

プラズマCVD法は、処理温度の低温化やプラズマによる反応促進というメリットを活かすことで、他の方法では困難な皮膜を形成できるほか、皮膜表面が滑らかなどの特徴があります。

要点BOX

- ●プラズマガス反応による成膜処理
- ●熱CVDよりも低温で処理できる
- ●プラズマによる反応促進を利用する

CVDの分類

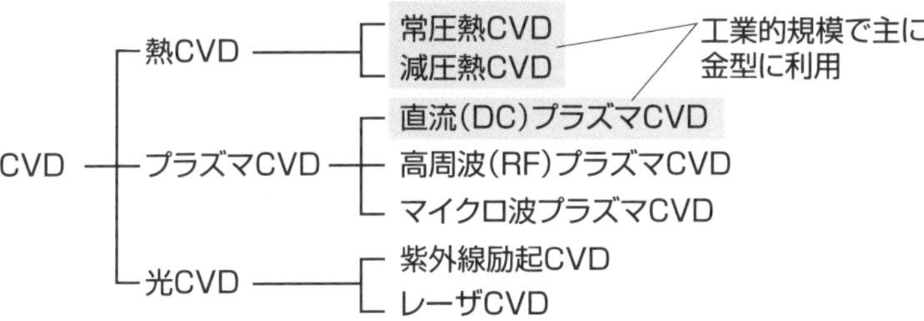

CVDプロセスにおける皮膜形成過程

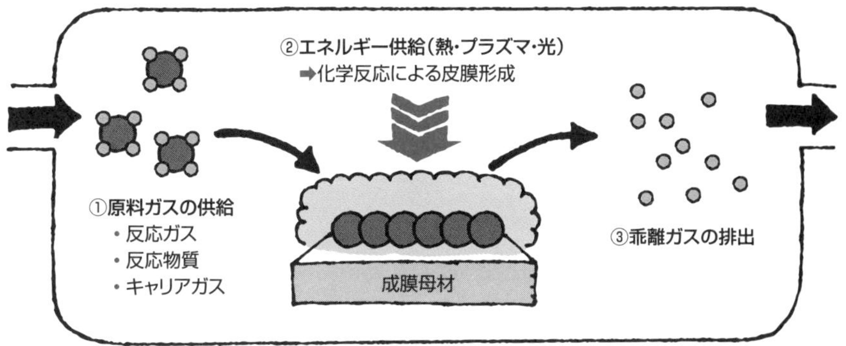

直流プラズマCVD

マイクロ波プラズマCVD

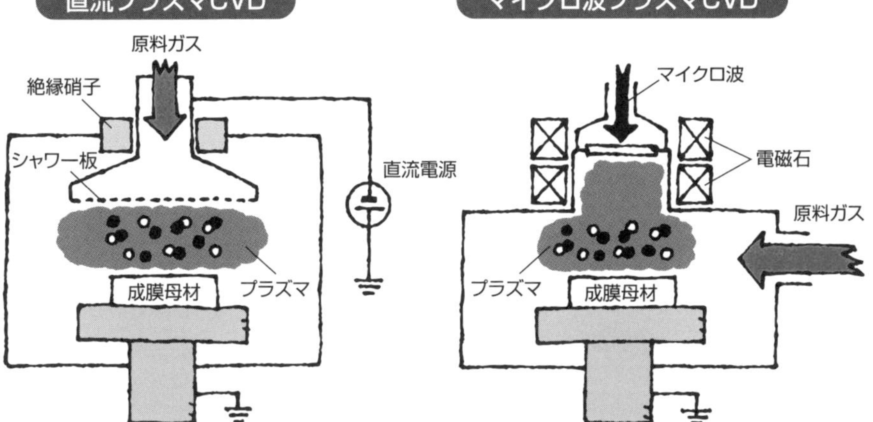

41 CVD法の注意事項

高温環境の影響

熱CVD法の主要な成膜対象物である鉄鋼材料の場合、基材の組成や構造に及ぼす処理温度の影響について、事前に十分に検討することが肝要です。例えば金型の成膜処理を検討する場合、少なくとも次の3項目について事前にチェックしておきましょう。

①炭化物の固溶と膜形成用ガスとの反応

金型用鋼には炭化物が含まれています。一方、硬質皮膜形成時の処理温度である1000℃はオーステナイト領域であり、鋼中の多くの炭化物は生地に固溶します。また、固溶した炭素と反応ガスとの反応も進行します。すなわち、成膜過程において固溶しやすい炭化物が存在する場合や、同一炭化物であっても炭素量が多い場合は、膜厚が増大する可能性があります。また、炭化物と反応ガスとの反応が進行すると、皮膜直下は軟質な脱炭層を生じる可能性があります。

②炭化物の凝集

1000℃程度の高温に長時間さらされること、成膜後は焼入れ焼戻しのために再度オーステナイト領域で加熱されることなどの理由から、鋼中は未固溶炭化物の凝集が発生する可能性があります。特に、粉末ハイスのように炭化物が微細化しており、かつ後焼入れ温度が高い場合はよく見られる現象で、脆性破壊を引き起こすことが考えられます。

③処理工程に伴う変寸および変形

CVD法は高温処理になりやすいことから、低融点材料に皮膜を形成する場合は十分な注意が必要です。また、高温にさらされた成膜基材は、変形や変寸をもたらすとともに、皮膜のはく離を引き起こす場合があります。したがって、熱膨張の影響を加味した部品設計や、皮膜と基材の間に中間層を形成して密着性を改善するなどの対策が欠かせません。プラズマCVD法は、熱CVD法と比較して低温処理ですが、PVD法と比較すると処理温度の影響を無視できないため、同様の配慮が求められます。

要点BOX
- ●炭化物の固溶とガス反応に注意
- ●炭化物の凝集にも留意する
- ●熱影響により変形が起きやすい

熱CVDにおける重要事項

鋼製品に採用する場合は変態点以上の高温で成膜される

①炭化物の固溶→成膜用ガスとの反応→皮膜直下の脱炭

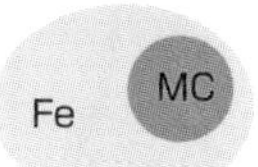

被処理鋼材

被処理鋼材中のCとの反応

$$C + TiCl_4 + 2H_2 \rightarrow TiC + 4HCl$$（TiCの生成）

②炭化物の凝集→基材のぜい化
（特に粉末ハイスの場合は要注意）

③処理工程に伴う変形および変寸の把握

熱CVDによって生成したTiC／TiN膜の膜厚に及ぼす炭化物の影響

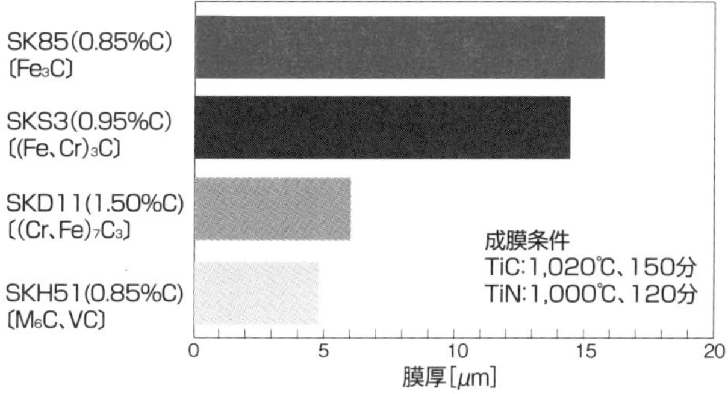

成膜時の母材と皮膜の熱膨張差による影響

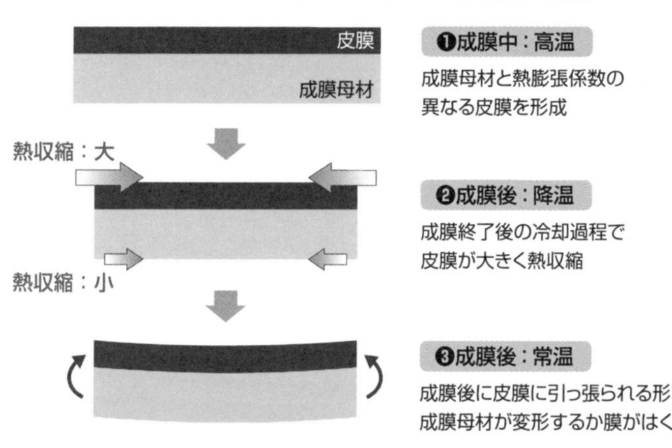

42 PVDとCVDのハイブリッド

プラズマイオン注入法

PVD法は主に固体を原料として蒸発粒子を基材に堆積する方法で、CVD法は気体を原料として化学反応により皮膜成長を促す方法です。一方で近年、PVD法とCVD法の特徴を併せ持つハイブリッドプロセスが盛んに開発されており、その一例として原料に気体を用いるプラズマイオン注入成膜法があります。

プラズマイオン注入成膜法は、処理槽内の気体をプラズマ化する高周波電源、プラズマ中のイオンを基材に引き寄せる高電圧パルス電源、各電源をマッチング回路により接続するフィードスルー、フィードスルーを介して各電源に接続された母材設置治具(アンテナ)で構成され、数kHzの周期で次の①〜③の工程を繰り返し行うことで皮膜を形成します。

①高周波電源により電力をアンテナに印可し、基材表面で気体をプラズマ化

②高電圧パルス電源で電圧をアンテナに印可し、気体プラズマ中のイオンを基材表面に引き寄せる

③引き寄せられたイオンは、基材の表面を突き抜けて内部に注入されると同時に、イオン化学反応により母材表面に皮膜を形成

この手法は、イオンの衝突・注入を利用するPVDプロセスと、イオン化学反応を用いるCVDプロセスを両立した方法と言えます。この方法の場合、イオンが皮膜ごと基材へと注入されることで楔のような働きをもたらし、基材と皮膜の密着性の改善が見込めます。また、基材表面近傍にプラズマを発生させ、かつ基材自体に電圧を印可してイオンを引き寄せるため、複雑形状の部品に対して均一に成膜できます。

さらに、パルス電圧制御により電圧の印可間隔を長くとることで、イオンが衝突しない時間の長時間化による基材の冷却を促し、処理温度を100℃以下に抑えることも可能です。したがって、処理条件次第では熱により変形が生じるゴムやプラスチックなどの基材に対しても、皮膜を形成できます。

要点BOX

- プラズマ反応とイオン注入を両立
- 複雑形状に対応できる
- パルス制御による低温処理が可能

PBII&D法の基本原理と皮膜形成過程

パルスコンローラー
高周波電源
高電圧
パルス電源
フィードスルー
プラズマ
原料ガス
成膜母材（アンテナ）
排気

PBI&D法における皮膜生成過程

❶チャンバー内に皮膜原料となる気体を導入

❷高周波(RF電源)によりパルス状の高周波電力をアンテナに印可し、気体をプラズマ化

❸高電圧(HV電源)によりパルス状の電圧をアンテナに印可し、プラズマ中のイオンを母材の表面に引き寄せる

❹母材表面へのイオンの注入と化学反応により皮膜を形成

❺②～④を数kHzの間隔で繰り返し

イオン化学反応とイオン注入による皮膜形成

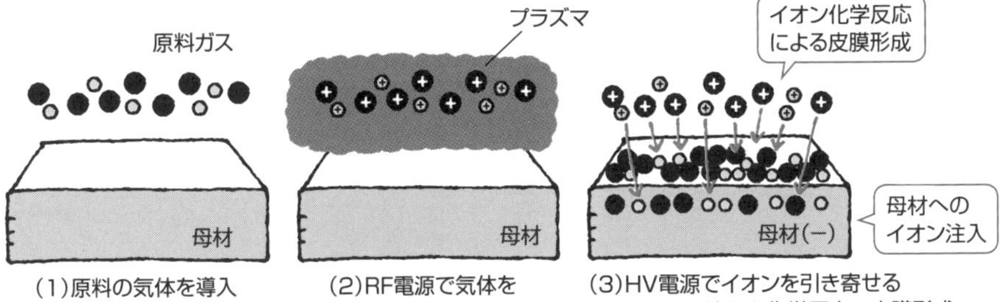

(1)原料の気体を導入

(2)RF電源で気体を
プラズマ化

(3)HV電源でイオンを引き寄せる
➡イオン注入と化学反応で皮膜形成

複雑形状部品(歯車)に成膜したカーボン膜

43 ドライコーティングの変遷

硬質膜の歴史を紐解く

PVD法、CVD法ともに多種多様な皮膜形成に用いられ、その応用分野は広範囲にわたります。皮膜形成は内製加工と受託加工があり、特に膜自身の機能性を利用する場合は、内製による加工が大半を占めています。一方、受託加工業界における需要分野は工具および金型が主体で、両者に共通する採用目的は耐摩耗性や摺動特性を付与することです。

日本で最初に産業的に応用されたドライコーティングとして、TiN（窒化チタン）膜があります。TiN膜は硬質膜に分類でき、かつ金色を呈しているため、実用化された当初は「傷のつかない金めっき」として装飾品、時計の外装やバンド、メガネフレームなどさまざまな用途で活用されました。

装飾を目的としていた当初は金めっきの代替程度でしたが、TiN膜が持つ高い硬度や耐摩耗性、摩擦係数の低減効果などが徐々に注目を浴び、工具メーカーが切削工具の表面処理として採用するようになりました。切削工具への効果が確認されてから、TiN膜はさらに多くの分野で注目を浴び、その応用範囲は次第に拡大していったのです。TiN膜の普及が進むにつれ、さらに特性の優れた皮膜が求められるようになり、多種多様な窒化物、炭化物、酸化物系の硬質膜が多方面で採用されるようになりました。

現在の新しい硬質膜の開発目的の設定について、TiN膜よりも無潤滑環境（潤滑油を使わない環境）で摩擦を低減できること、TiN膜よりも耐熱性（耐高温酸化性）が優れていることなど、従来のTiN膜との比較が基本となる場合がよくあります。

現在もTiN膜は多用されていますが、近年は耐高温酸化性を向上したTiAlN膜など、TiN膜以外のTi系硬質膜の適用例が増加しています。Ti系以外では、Cr系やカーボン系の硬質皮膜が脚光を浴び、工具や自動車部品をはじめ多様な摺動部品に採用されています。

要点BOX

- ●内製加工と受託加工がある
- ●硬質膜の原点はTiN膜
- ●主に工具や摺動部品に適用されている

工具における課題と硬質膜の採用

【コストパフォーマンス】
Total costの低減

工具を取り巻く技術的課題

【加工技術】
超高速・超精密加工
難加工材の加工

【環境汚染】
潤滑剤の使用量削減
オイルレス化

ドライコーティングの採用（TiN, CrN, TiAlN,DLCなど）

摩擦摩耗特性の改善：摩擦係数の低減，耐高温酸化性の向上など

硬質膜の採用目的と適用対象物

✓ **耐摩耗性の向上 ➡ 表面の硬質化**
✓ **摺動特性の向上 ➡ 摩擦係数の低減**
［主な対象物:各種金型・切削工具・機械部品・自動車部品など］

硬質膜の用途拡大!

✓ **耐食性の向上 ➡ 腐食性ガスや薬品との反応防止**
［主な対象物:プラスチック金型・食品用機械部品など］
✓ **耐熱性の向上 ➡ 高温酸化やヒートチェックの防止**
［主な対象物:エンジン部品・熱間成形用金型・重切削用工具など］
✓ **耐反応性の向上 ➡ 相手材との反応や凝着の抑制**
［主な対象物:エンジン部品・ダイカスト金型・プラスチック金型など］

TiN膜を基本とした硬質膜の開発動向

高硬度・高耐摩耗性
TiN

高機能化へのニーズによる新たな硬質膜の開発

高硬度化 TiC, TiCN, TiAlN, TiSiN	摩擦係数の低減 TiC, TiCN, DLC
相手攻撃性の低減 CrN, CrVN	厚膜化 CrN
耐高温酸化性の向上 TiCrN, TiAlN, TiSiN, CrAlN	耐食性の向上 CrN, TiCrN

各種成膜法と硬質膜の関係

成膜法		Ti系硬質膜			Cr系硬質膜			C系硬質膜	
		TiN	TiCN	TiAlN	CrN	CrAlN	CrVN	DLC	CD
PVD	中空陰極放電法	○	○	×	×	×	×	×	×
	アーク蒸発法	○	×	○	○	○	○	○	×
	スパッタリング	○	×	○	○	○	○	○	×
CVD	熱CVD	○	○	×	×	×	×	×	○
	プラズマCVD	○	○	○	×	×	×	○	○

○：成膜が容易　×：成膜が困難または不可

44 チタン系硬質膜

硬質膜の代表選手

PVD法やCVD法によって形成する硬質膜の基本はTiN膜で、従来の成膜装置はハード・ソフトともにTiN膜を形成することを前提に設計されていることがよくあります。一方で最近、TiN膜の特性改善を図った種々のTi系硬質膜が利用されています。

①種類

産業的規模で形成されている主なTi系硬質膜はTiN、TiC、TiCN、TiAlNで、それぞれ使用条件に応じて使い分けられています。これらは単層膜とは限らず、TiC/TiCN/TiNなど複合多層膜として利用されることもあり、TiCN膜やTiAlN膜、その他金属元素を複数含有する膜などは、異なる組成比や膜厚方向に組成を変化させた傾斜膜も利用されています。

②硬さ

TiN膜の硬さは1700~2000HV程度ですが、TiC膜の硬さは成膜条件によって3000HVに達します。しかし、TiC膜はTiN膜に比べて脆弱なため、衝撃を受ける部品には使用できません。一方、中間的な特性を持つTiCN膜（2500~3000HV）は冷間鍛造や深絞り加工用パンチなどに利用されます。

③摺動特性

TiN膜と比べて、一般にTiC膜やTiCN膜は低い摩擦係数を示します。一方、完全無潤滑環境下では相手材の凝着や皮膜の酸化摩耗を生じるため、すべてのTi系硬質膜において利用を勧められません。すなわち、Ti系硬質皮膜の摺動特性を利用するとき、潤滑油が必須になることは覚えておきたい事項です。

④高温酸化性

大気中における硬質膜の利用を考える場合、TiN膜は550℃、TiCやTiCN膜は450℃程度から酸化が進行してTiO_2に変化し始めるため、特性が失われる可能性があります。一方、TiAlN膜は700℃程度まではほとんど酸化しないため、耐熱硬質膜としてミスト加工や重切削用工具などに利用されています。

要点BOX
- ●チタン系硬質膜は硬質膜の代表選手
- ●高硬度かつ高耐摩耗を付与する
- ●高温酸化には注意が必要

TiCNコーティング面の硬さとC_2H_2流量比の関係

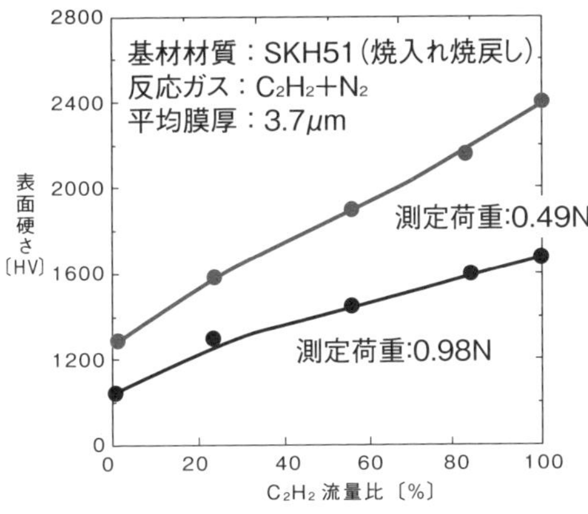

TiAlN膜の各種摩擦環境下における摩擦係数の推移

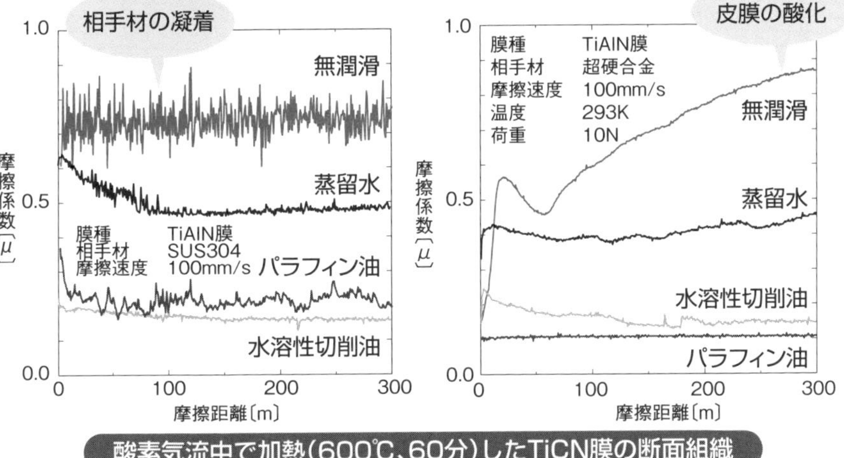

酸素気流中で加熱（600℃、60分）したTiCN膜の断面組織

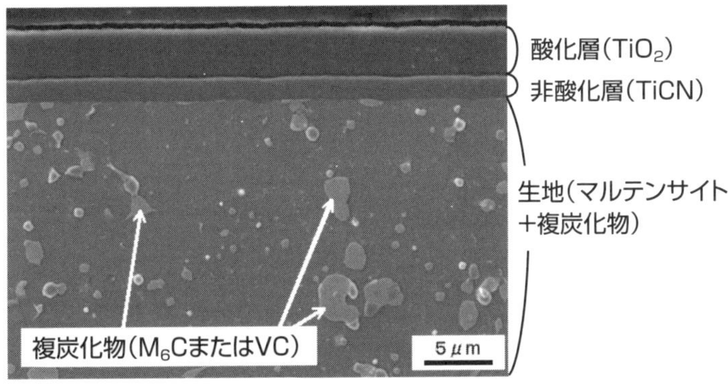

45 クロム系硬質膜

もう一つの代表選手

クロム系を代表する硬質膜はクロム（Cr）と窒素（N）の化合物で、Cr・Cr_2N・CrNなどに分類できます。CrとNの組成比は成膜条件によって制御することができますが、最近はさらなる特性改善を図るべく、Crの一部を他の金属元素に置換する、複合膜や傾斜層を形成するなどますます需要は高まっています。

①種類と硬さ

Cr系硬質膜の硬さはCrとNの組成比によって変化し、900〜1800HVと広範囲の値を示し、基本的にCr→Cr_2N→CrNの順に硬くなります。なお、Crの一部をバナジウム（V）に置き換えたCrVN膜の硬さはCrN膜と同程度ですが、アルミニウム（Al）に置き換えたCrAlN膜はCrN膜よりも高い硬さを示します。

②摺動特性

Cr系硬質膜に対して、期待されている特性の一つに摺動特性があります。現在では、機械や自動車などの摺動部へ頻繁に適用されます。ただしTi系硬質膜と同様に、潤滑油が必須であることが条件になります。また摺動部に適用するためには、膜自体の耐摩耗性だけではなく摩擦相手への攻撃性、すなわち相手攻撃性が小さいことが必要条件になります。

例えば、摩擦摩耗試験における相手材の摩耗量は、前述の3種類の膜種の中ではCrVN膜が最も少なく、CrAlN膜が最も多くなります。すなわち、CrVN膜はCr系硬質膜の中では摩擦相手に対して最も優しい皮膜であると言えます。

③高温酸化性

Cr系硬質膜の酸化開始温度は800℃付近であることから、TiN膜より高温酸化特性に優れているとされます。特にCrNやCrAlNは、たとえ酸化開始温度より高温にさらされても、1000℃程度までの酸化速度は比較的緩やかです。しかし、CrVN膜は酸化開始温度を超えると急激に酸化が進行するため、注意が必要です。

要点BOX

- ●クロム系硬質膜は硬質膜のもう一つの代表選手
- ●低相手攻撃性を付与する
- ●耐高温酸化性を発揮する

Cr系硬質膜のビッカース硬さおよびヌープ硬さ

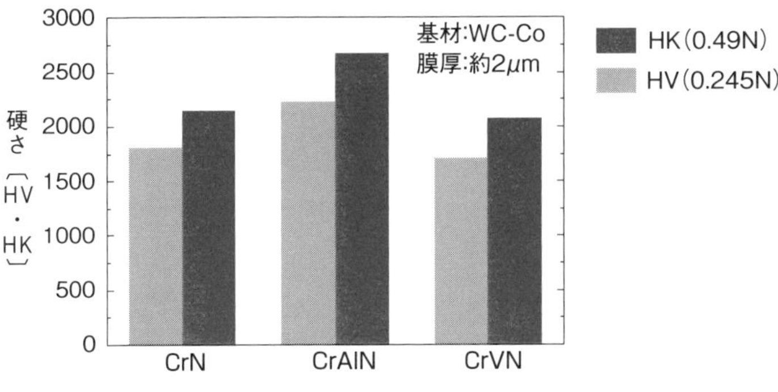

CrN膜の各種摩擦環境下における摩擦係数の推移

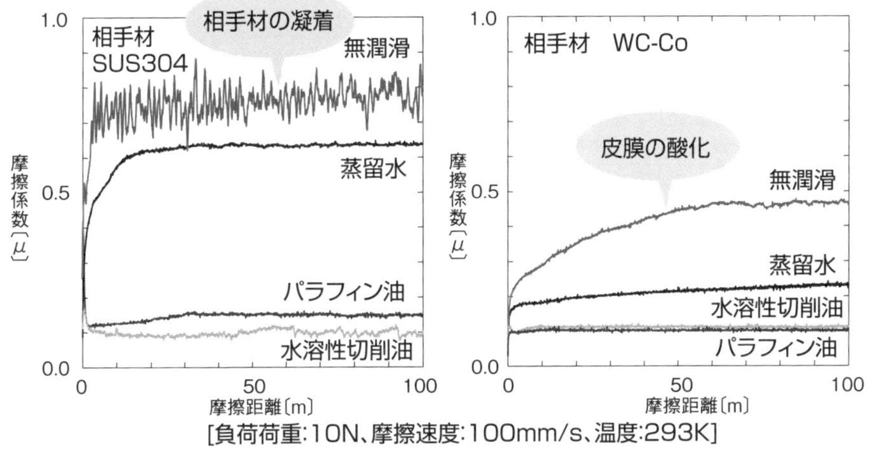

各種Cr系硬質膜のエンジン油中での摩擦に伴う相手材の摩耗量

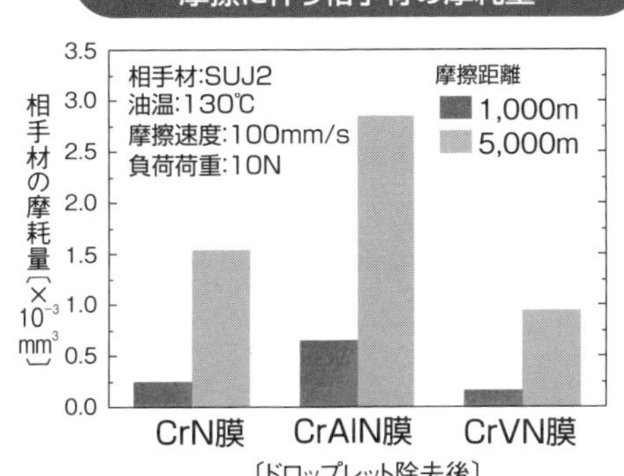

各種Cr系硬質膜の酸素気流中加熱に伴う酸化重量変化

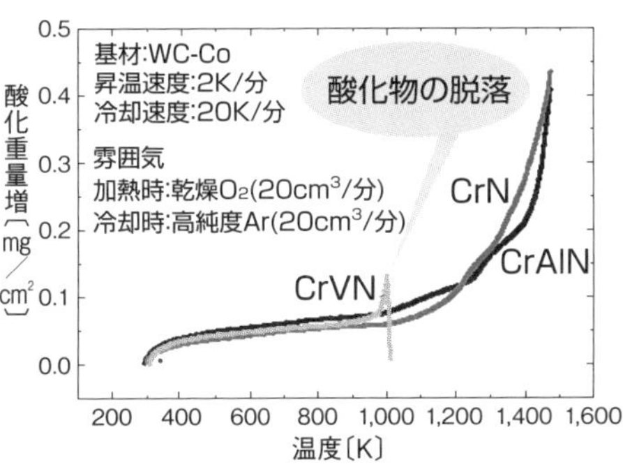

46 カーボン系硬質膜

ダイヤモンドを利用しよう

カーボンは単体・化合物ともに、結合状態や構造により多様な形態や特性を示しますが、ドライコーティングとしてはグラファイト膜やダイヤモンド膜、無定形炭素膜が利用されています。中でも、ダイヤモンドは天然に現存する物質の中で最も高い硬さを有するなど、他の物質にない優れた特性を持っています。また、すでに実用化された技術のみならず、実用化に向けた新たな研究開発が活発に行われています。

ダイヤモンド膜の形成は、1982年に熱フィラメントCVDによる方法が発表されて以来、多くの成膜法が開発されてきました。熱フィラメントCVDによる方法では、成膜温度はおおむね600～1000℃、原料ガスとして炭化水素と水素の混合ガスを用います。その他の成膜法として、マイクロ波プラズマCVD、直流プラズマCVD、高周波プラズマCVD、アーク放電プラズマCVDなどがあります。熱フィラメントCVDとマイクロ波プラズマCVDは産業的にも利用されています。

ダイヤモンド膜はさまざまな方法で形成可能ですが、原料ガスが炭化水素系ガスであること、通常の成膜温度が800℃以上であることなどの理由で適用材料が限定されることから、現状の実用例は工具類（基材は超硬合金）程度です。例えば、処理物が工具鋼の場合、処理温度の影響で炭素が固溶拡散するため、結局ガス浸炭処理を施工することになり、ダイヤモンド膜は形成できません。すなわち工具鋼を対象にするのであれば、炭素の固溶を抑制するための前処理の工夫と、成膜過程で軟化した基材の焼入れ硬化が必須となります。

また、ダイヤモンド膜は粒子の集合体であるため表面粗さが大きく、鏡面が要求される場合は研磨が必要です。しかし、超硬質のダイヤモンド膜を研磨するのは至難のことであり、現状では実用的な研磨法が確立されていないなどの課題もあります。

要点BOX

- ●CVDダイヤモンド膜の登場
- ●高温処理に注意が必要
- ●ダイヤモンド膜は粒子の集合体

ダイヤモンドの特性と期待される応用分野

特　性	期待される応用分野
硬さが最も高い [8,000～10,000HV]	耐摩耗部品、摺動部品、センサー
弾性率が高い[1.2×10^{12}N／m^2]	センサー、電子部品、音響部品
熱膨張率が小さい[1×10^{-6}／°C]	放熱部品、耐摩耗部品、摺動部品
熱伝導率が高い[2,100kcal／m·h·°C]	放熱部品、耐摩耗部品、電子部品
電気抵抗が大きい[$10^{13}\Omega$cm以上]	絶縁部品、耐食部品、電子部品
化学薬品に安定[酸、アルカリ]	耐食部品、センサー、電子部品
音速が速い[18,500m／s]	センサー、音響部品
赤外線透過率が高い [2.72]	光学部品、装飾品

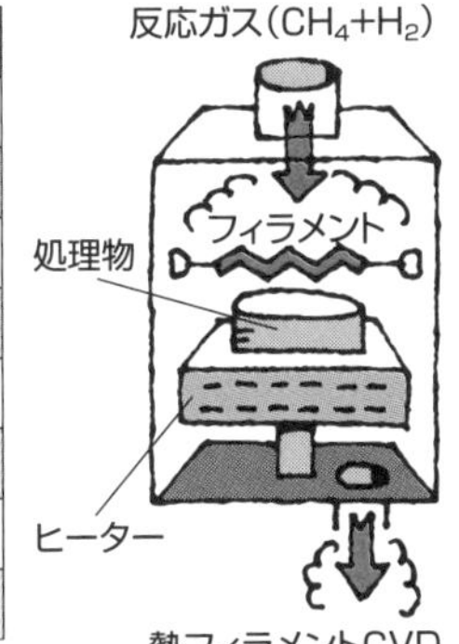

一般的なダイヤモンド膜の成長メカニズム

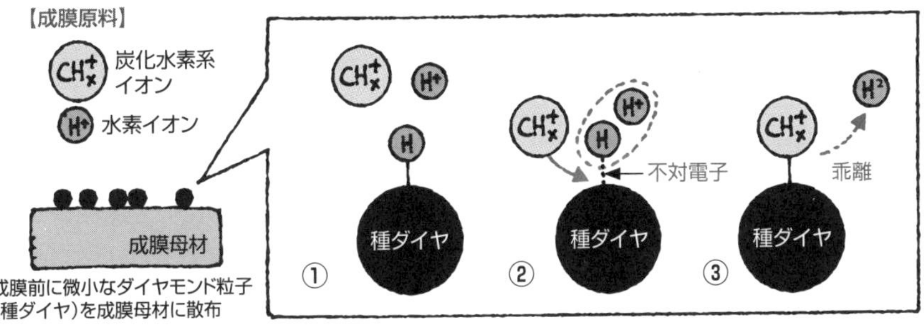

①成膜原料である炭化水素系イオンと水素イオンが種ダイヤに接近
②種ダイヤ表面の水素に対して水素イオンが結合し、種ダイヤ表面に付帯電子を形成
③水素分子が排ガスとして乖離、種ダイヤが炭化水素と結合して成長
➡①～③の繰り返しで肥大化し、隣接する結晶同士がくっつくことで皮膜形成(エピタキシャル成長)

CVDによって生成したダイヤモンド粒子

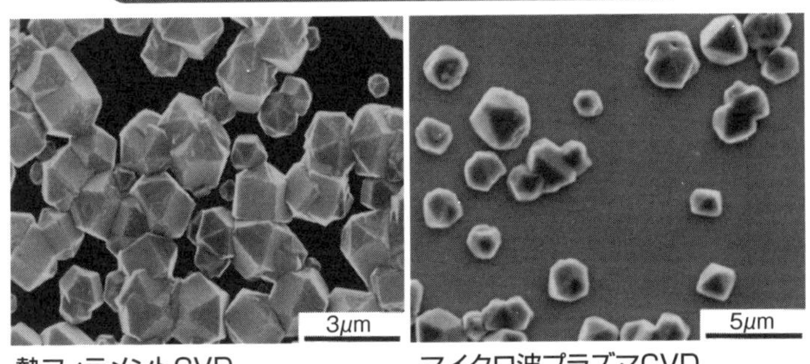

熱フィラメントCVDによって生成　　マイクロ波プラズマCVDによって生成

47 DLC膜

その特異的な性質とは

DLC膜は、Diamond-like carbonの略称で、炭素（および水素）を主な構成元素としたアモルファス（非晶質炭素）硬質膜です。DLC膜は、CVD法かPVD法のいずれの方法でも形成可能です。CVD法は炭化水素ガスを原料とすることから、原則として膜中に水素が含まれる水素含有DLC膜が形成されます。一方、PVD法は固体のカーボンターゲットを原料とすることから、原則として膜中に水素を含まない水素フリーDLC膜が形成されますが、プロセスガスとして炭化水素系ガスを導入することで、水素を含ませることが可能です。

DLC膜は、学術的にアモルファスカーボン膜とも呼ばれます。ダイヤモンドに近い構造、グラファイトに近い構造、ポリマーに近い構造など多くの構造を含みつつ、長期的周期的な構造を持たない、すなわち結晶構造を持たない無機炭素がDLC膜の範疇です。したがって、DLC膜には多様な種類が存在します。大まかな判別として、皮膜に水素を含むか否か、sp^2結合（グラファイトのような結合）とsp^3結合（ダイヤモンドのような結合）の比率の違い、などが挙げられます。種類によって特性が変わるため、求める機能に応じて膜構造の狙いを定め、成膜方法や条件を検討することが必要です。

例えば、水素含有DLC膜は原則として最表面は水素終端しているため、皮膜の表面自由エネルギーが低くはっ水性が高い、すなわち他の物質が凝着しにくいという特徴があります。また、平滑な表面を得られやすいことから、潤滑油を使用できない機械要素部品やハサミ、髭剃りなどの用途に使用されています。一方で水素フリーDLC膜は、水素含有DLC膜のような低凝着性はあまり求められませんが、ダイヤモンドに準ずる高い硬さを示し、基材の損傷を避ける耐摩耗性が注目されています。現在、潤滑油を使用する加工工具や自動車摺動部品など使用されています。

要点BOX

- ●DLC膜はアモルファス硬質炭素膜
- ●sp^2／sp^3比、水素含有／水素フリーが重要なポイント
- ●低摩擦高耐摩耗を付与する

111

主なDLC成膜法

【Diamod-like carbon(DLC)膜】

炭素(および水素)を主成分とし、sp^2結合とsp^3結合の
炭素が混在するアモルファス構造の硬質炭素薄膜

グラファイト	DLC	ダイヤモンド
sp^2結合 ベンゼン環の平面構造	sp^2結合とsp^3結合が混在 アモルファス(非晶質)構造	sp^3結合 立体的な四面体構造

DLC膜の一般的な成膜方法

DLC膜はCVD法とPVD法のどちらでも形成できる

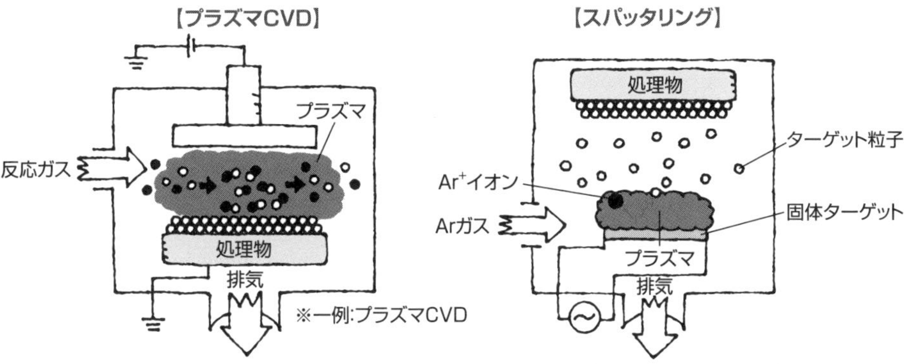

原料に炭化水素系ガスを使用
➡膜中に水素を含んだDLCを形成可能

原料にカーボンターゲットを使用
➡膜中に水素を含まないDLCを形成可能
＊ガス導入により水素含有も可能

各DLC膜の特性および利点と欠点

各種特性と特徴	水素含有DLC膜	水素フリーDLC膜
硬度[GPa]	10～30	40～60
ヤング率[GPa]	40～200	100～400
表面粗さRa[nm]	2～6	18～50
耐熱性[℃]	250～400	500～600
形成方法	主にCVD法	PVD法
利点と欠点	平滑かつ密着性が良好で、低凝着 ⇔機械的強度や耐熱性が低い	高硬度で耐摩耗性に優れる ⇔表面粗さや密着性に乏しい

Column

表面の硬さ測定は難しい!?

表面の硬さを測定する際、最も一般的な方法は押し込み試験法です。

測定原理はごく単純です。とある形状（例えば四角錐形状）に整えた圧子（押し込み用の針、ダイヤモンドなどの高硬度材料でつくられている）を任意の荷重で被測定面に押し込み、引き離した後の圧痕の大きさから硬さ値を算出します。このとき、硬さ値＝荷重／圧痕投影面積となり、その単位はPa（＝N／m²）、すなわち応力（圧力）と同じです。したがって硬さ値は、材料強度学や設計において降伏応力や破壊強度の指標として取り扱われる場合があります。

一方、表面の押し込み硬さを測定する場合、特に注意すべきことが2点あります。1点目は押し込み深さです。例えば薄膜の硬さを評価する場合、薄膜を突き破るほど押し込んで硬さを測定しても、何を評価しているのかわからなくなります。押し込み深さについて、一般に1／10則や1／3則と呼ばれる考え方があります。膜厚に対してできれば1／10、せめて1／3の押し込み深さにしようとの考え方です。

2点目は表面粗さです。例えば、押し込み深さと表面粗さが比較し得る範囲（数値）を取る場合、膜の材料的性質よりも、圧子の突き刺さり方が硬さ値に及ぼす影響が大きくなります。押し込み深さ＞表面粗さは当然として、できれば10倍以上の差は欲しいところです。

膜厚が薄くなるほど、その硬さ測定は難しくなると覚えておきましょう。

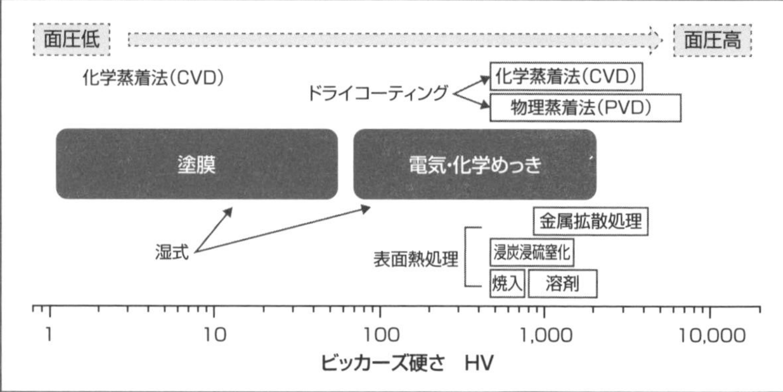

第6章
表面熱処理で基材にひと工夫を

48 表面熱処理とは

金属表面に機能を付与する熱処理

表面熱処理は、JIS（金属製品熱処理用語）では『金属製品の表面に、所要の性質を付与する目的で行う処理』と定義されています。鋼製品を対象とした表面熱処理は、表面だけを加熱して焼入れ（急冷）を行い硬化する高エネルギー熱処理と、加熱によって異種元素を表面から拡散する熱化学熱処理に大別できます。

拡散とは、「一定領域内において原子の濃度分布差があるとき、高濃度の領域から低濃度の領域へ時間経過とともに原子が移動し、全体的に濃度差がなくなり均一となる現象」のことです。拡散は、気体―気体、固体―固体、固体―液体や固体―気体など物質の状態によらず熱エネルギーが付与されると生じる現象で、熱化学熱処理における原理原則の一つです。

表面熱処理は加熱と原子の拡散で成り立っており、焼入れによるマルテンサイトの生成と拡散する原子による固溶体や化合物の生成を上手に利用し、所要の性質、すなわち求める特性を表面に付与します。

固溶体は、置換型固溶体と侵入型固溶体の2種類に大別できます。置換型固溶体は、互いの原子同士が置き換わった状態です。一般に置き換わった原子の方が大きいことから、局所的なひずみが発生することで、金属の強化機構の一つである固溶強化として働きます。侵入型固溶体は、原子A空間に異種原子Bが入り込んだ状態です。侵入型固溶体となるためには、侵入する原子Bの大きさが原子Aの大きさよりも十分に小さいことが必要です。例えば、鉄（Fe）に対しては水素（H）、炭素（C）、窒素（N）や酸素（O）など非金属元素が該当します。原子Bが侵入した固溶体は、固溶強化として働きます。

なお、添加する元素の濃度が固溶限を超えた場合、結晶構造や特性がまったく異なる化合物が生成します。金属元素同士の結合で生成する化合物は金属間化合物、金属元素と非金属元素のときに生成される化合物はセラミックスと呼ばれます。

要点BOX
- ●金属表面に機能付与する表面熱処理
- ●固溶体により強化する
- ●化合物によっても強化する

鋼を対象とした表面熱処理の分類

大分類		名称	表面改質現象	処理目的
高エネルギー熱処理		炎焼入れ	マルテンサイト変態	耐摩耗性、耐疲労性
		高周波焼入れ		
		レーザ焼入れ		耐摩耗性、耐疲労性
		電子ビーム焼入れ		
熱化学熱処理	非金属元素の拡散	浸炭焼入れ	炭素（C）の拡散	耐摩耗性、耐疲労性
		浸炭窒化焼入れ	Cと窒素（N）の拡散	
		軟窒化処理	CとNの拡散	
		浸硫処理	硫黄（S）の拡散	耐焼付性
		浸硫窒化	SとNの拡散	耐焼付性、耐摩耗性
		ボロナイジング（ほう化）	ほう素（B）の拡散	耐摩耗性
		水蒸気処理（ホモ処理）	酸素（O）の拡散	耐焼付性
	金属元素の拡散	シェラダイジング	亜鉛（Zn）の拡散	耐食性（耐候性）
		クロマイジング	クロム（Cr）の拡散	耐熱性、耐食性
		アルミナイジング	アルミ（Al）の拡散	
		炭化物被覆	炭化物形成元素（V、Tiなど）の拡散	耐摩耗性

原子の熱拡散によって生じる3種類の形態

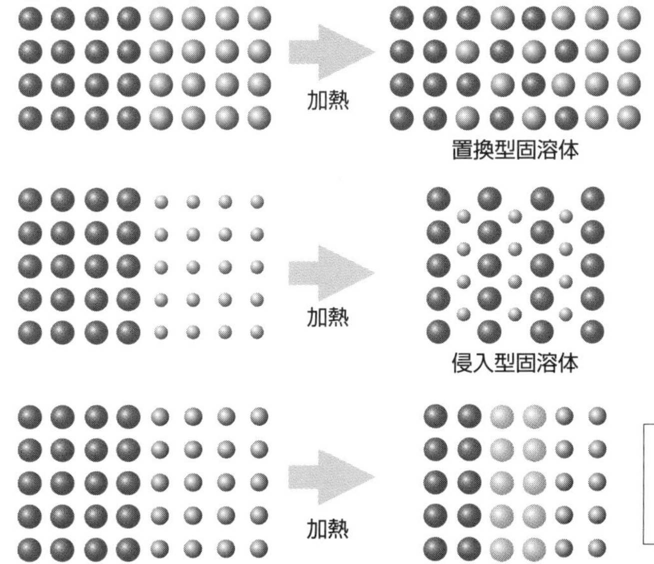

49 耐疲労性に優れる表面焼入れ

表面だけ硬化する

表面焼入れは、被処理物（鋼）表面を鋼のA_1変態点以上（オーステナイト領域）まで急速に加熱し、被処理物の内部温度が上昇する前に急速に冷却して、表面だけを硬化する処理です。表面焼入れは炎焼入れ、高周波焼入れ、電子ビーム焼入れ、レーザ焼入れの４種類に大別できます。これらは加熱・冷却の操作が異なるだけで、同一鋼種であれば得られる表面組織や表面硬さはほぼ同じになります。

焼入硬化層の金属組織は、一般熱処理の焼入れと同様にマルテンサイトです。ただし、一般熱処理と比較して急速短時間加熱であることから、金属組織は微細なマルテンサイトとなります。なお焼入れ後、通常は低温焼戻し（200℃以下）を行います。

焼入硬化層深さの測定方法はＪＩＳ Ｇ ０５５９で規定され、全硬化層深さと有効硬化層深さがあります。測定方法にはマクロ組織試験法と硬さ試験法があり、通常は硬さ試験法が適用されます。

全硬化層深さは、硬化層の表面から硬化層と生地の物理的（硬さ）、または化学的性質（顕微鏡組織）の差異が区別できない位置までの距離を指します。有効硬化層深さは特に指定がない限り、硬化層の表面から限界硬さの位置までの距離のことを表し、限界硬さは測定対象鋼の炭素含有量（規格の中央値）でそれぞれ規定されています。

表面焼入れの最大の特徴は、被処理物内部のじん性を維持したまま表面に耐摩耗性を付与できることです。また、焼入硬化層は内部に高い圧縮残留応力が発生するので、耐疲労性も向上します。

粗大炭化物が大量に存在する鋼種は、炭化物を十分に固溶することは困難です。例えば、炭化物が微細な調質材では良好なマルテンサイトが得られる焼入条件であっても、球状化焼きなまし材では硬化しない（焼きが入らない）場合もあるので、焼入れ前の金属組織を把握しておくことは肝要です。

要点BOX
- ●表面焼入法は4種類ある
- ●全硬化層深さと有効硬化層深さが指標となる
- ●耐摩耗性とじん性を両立している

表面焼入れの種類と特徴

種　類	特　徴
炎焼入れ	加熱：燃焼炎による加熱 熱源：アセチレンガス＋酸素など 冷却：水または水溶性冷却剤
高周波焼入れ	加熱：高周波による誘導加熱 周波数：1～500kHz 冷却：水または水溶性冷却剤
電子ビーム焼入れ	加熱：電子ビームによる加熱 雰囲気：真空 冷却：冷却剤不要（自己冷却）
レーザ焼入れ	加熱：レーザ光による加熱 レーザ：CO_2レーザ、YAGレーザ 冷却：冷却剤不要（自己冷却）

炎焼入れおよび高周波焼入れにおける有効硬化層の限界硬さ

炭素含有量(%)	硬さ	
	HV	HRC
0.23以上 0.33未満	350	36
0.33以上 0.43未満	400	41
0.43以上 0.53未満	450	45
0.53以上	500	49

高周波焼入れ（縦型移動焼入法）の概念と各領域の金属組織

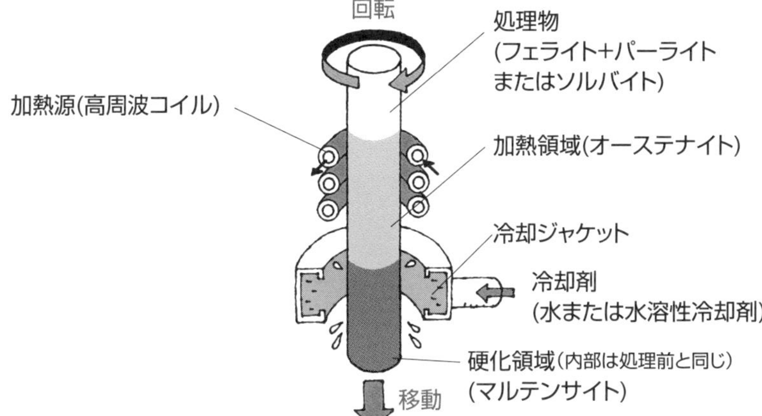

レーザ焼入硬化層の金属組織に及ぼす前熱処理の影響

前熱処理：球状化焼なまし

パーライト+球状セメンタイト
（炭化物が固溶していない）

前熱処理：調質（ソルバイト）

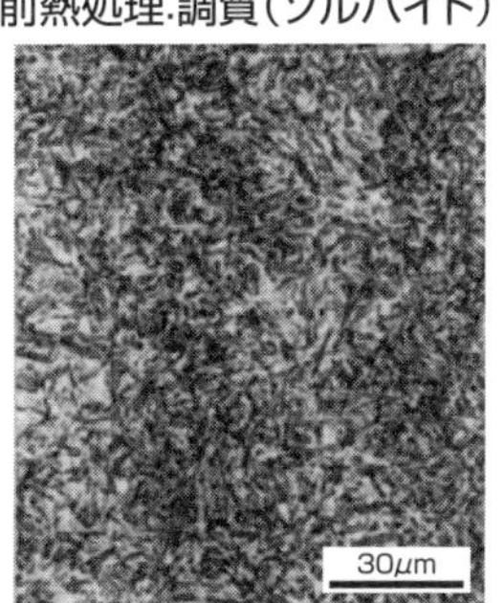

マルテンサイト
（炭化物が完全に固溶している）

50 高周波焼入れ

最も利用されている表面硬化法

高周波焼入れは、電磁誘導作用を利用して鋼表面のみを急速加熱し、急冷して焼入硬化する方法です。表面の耐摩耗性や疲労強度を向上することができます。主にS45CやSCM435など機械構造用鋼を対象としてシャフト、歯車やレールなどに採用されています。

交流電流が流れるコイルの中に置かれた部品は、表面付近に発生する渦電流により加熱されます。渦電流は表皮効果により表層に集中し、内側になるほど渦電流値は指数関数的に減少します。交流電流の周波数は一般に1~500kHzを用います。電流が流れる深さ（加熱できる深さ）は周波数の関数となっており、周波数が高いほど電流は表層を流れます。そのため、硬化層を浅くしたい場合や対象物が小物の場合は高い周波数を、内部まで硬化したい場合は低い周波数を用います。

高周波発振器は、電動発電機式や電子管（真空管）式、サイリスタインバータ式、トランジスタインバータ式などがあります。サイリスタインバータ式やトランジスタインバータ式はエネルギー変換効率（90％以上）が高く、コストや作業性に有利なため、最近の主流になっています。

高周波焼入れは、焼入れ前の組織の影響を大きく受けます。不均一な組織により炭化物の固溶にバラツキが生じると、硬化層深さに影響を及ぼします。そのため、処理物の炭素量など鋼材の選定と同様に、前熱処理を十分に吟味して炭化物が固溶しやすい組織とすることが肝要です。均一な硬化層深さを得るためには、コイル形状を焼入硬化する表面形状に合わせることが望ましく、コイルと表面が等間隔になるようにコイル形状を設計することが理想です。突起や角などは、エッジ効果により流れる電流が集中して加熱温度が過剰に高くなりやすく、トラブルの原因となる可能性があります。

要点BOX
- ●1~500kHzの周波数域を使用する
- ●前熱処理が非常に重要
- ●窒化処理と併用できる

高周波焼入硬化層深さに及ぼす生地組織の影響

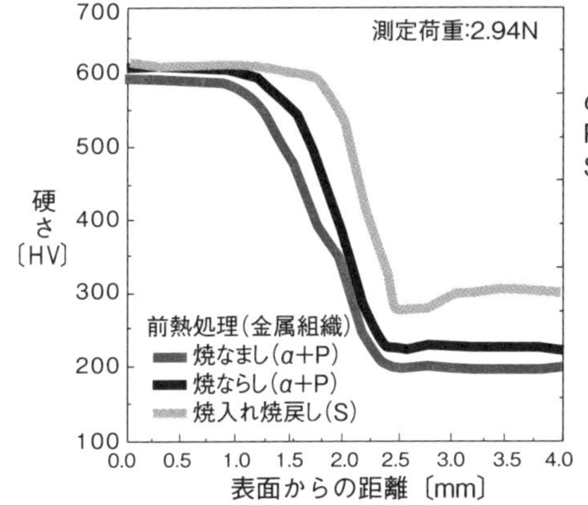

高周波焼入硬化層深さに及ぼす試料形状の影響

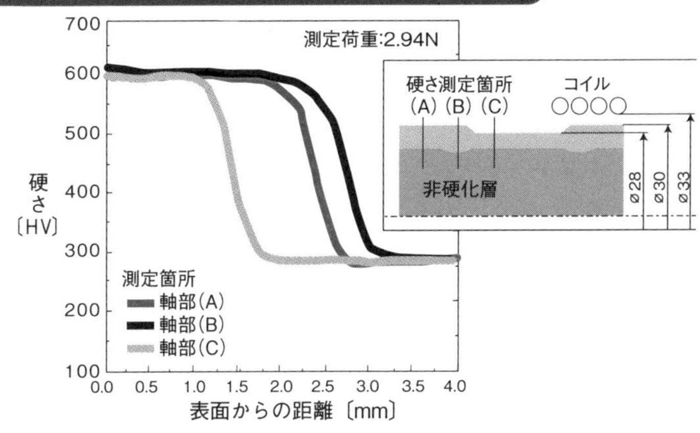

高周波焼入硬化層深さに及ぼす前窒化処理の影響

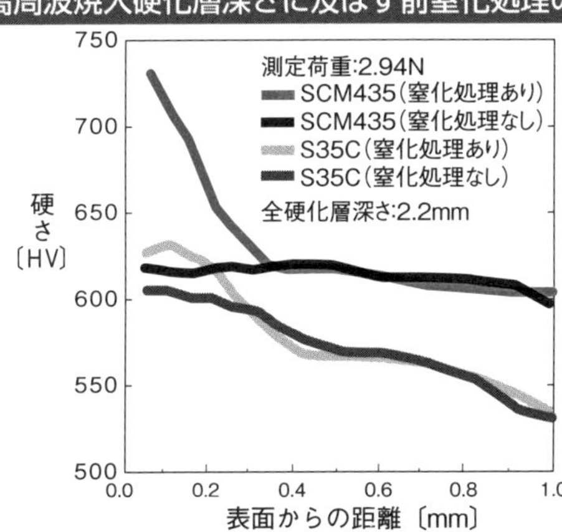

51 浸炭・浸炭窒化処理

表面の炭素含有量を増加する

炭素は鋼を焼入硬化させるための最も重要な元素であり、炭素量が多いほど高い焼入硬さが得られます。

浸炭は炭素量の少ない鋼を浸炭剤中で高温（約900℃）に加熱し、表層の炭素量を増加する方法です。浸炭した鋼を焼入れすると浸炭層が硬化し、耐摩耗性が付与されます。一方、浸炭しない内部は硬化しないためじん性に富んでいます。歯車などの機械部品や自動車部品、事務機部品など、広く適用されています。

浸炭処理を適用する主な鋼種（肌焼鋼）は、炭素量が0・1～0・2％の機械構造用鋼です。

浸炭は、浸炭剤の種類により分類されます。

①固体浸炭

木炭を主成分とする浸炭剤を、処理物とともに鋼製の浸炭箱に詰めて密閉し、所定の温度で加熱する方法です。促進剤として炭酸バリウムや炭酸ソーダを20～30％混ぜます。

②液体浸炭

シアン化物を主成分とする塩浴中に処理物を浸漬し、炭素を拡散する方法です。公害の問題から、シアン化物を含まない液体浸炭も開発されています。

③ガス浸炭

現在の浸炭処理の主流で、変成ガス法と分解ガス法が産業的に広く採用されています。変成ガス法は、プロパン（C_3H_8）またはブタン（C_4H_{10}）と空気の混合気をニッケル触媒中で加熱し、主に一酸化炭素（CO）、水素（H_2）および窒素（N_2）を生成します。その後、COがFeと反応して浸炭が進行します。分解ガス法は、メタノール（CH_3OH）など有機溶剤を直接処理炉に滴下し、その分解ガスにより浸炭します。変成炉を必要としないことが特徴です。

浸炭窒化は耐疲労性付与を目的として、炭素と同時に窒素を拡散浸透する方法です。プラズマ浸炭や真空浸炭は、省エネルギーや環境負荷低減、新用途開拓などの特徴を有する方法です。

要点BOX

- ●表面は耐摩耗性を付与、内部はじん性を維持する
- ●浸炭処理の主流はガス浸炭法
- ●分解ガス法は変成炉を必要としない

浸炭法の種類

浸炭法		浸炭剤	浸炭設備
固体浸炭		木炭(C)+促進剤($BaCO_3$、Na_2CO_3など)	電気炉(浸炭箱)
液体浸炭		塩浴($NaCN+Na_2CO_3+NaCl$など)	ガス炉、重油炉
ガス浸炭	変成ガス法	C_3H_8+空気、C_4H_{10}+空気など	電気炉(変成炉+処理炉)
	分解ガス法	CH_3OH、灯油など	電気炉(雰囲気炉)
	窒素ベース法	$N_2+CH_4+CO_2$、N_2+CH_3OHなど	
	直接浸炭法	$C_3H_8+CO_2$、$C_4H_{10}+CO_2$など	
	真空浸炭法	C_3H_8、C_4H_{10}、C_2H_2など	電気炉(真空炉)
	プラズマ浸炭法		

固体浸炭の原理

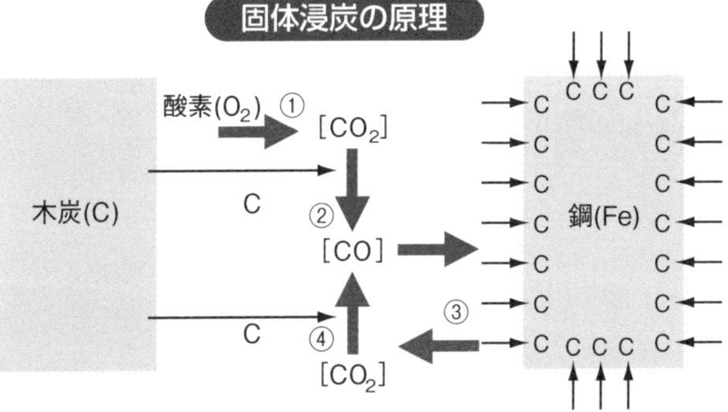

①の反応 ： 木炭と酸素の反応 ($C + O_2 \rightarrow CO_2$)
②の反応 ： 二酸化炭素と木炭の反応 ($CO_2 + C \rightarrow 2\,CO$)
③の反応 ： 炭素の固溶 ($2\,CO + Fe \rightarrow$ [Fe中にCが固溶] $+ CO_2$)
　　　　　　炭化物の生成 ($2\,CO + 3Fe \rightarrow Fe_3C + CO_2$)
④の反応 ： 二酸化炭素と木炭の反応 ($CO_2 + C \rightarrow 2\,CO$)

吸熱型変成ガス(RXガス)を用いた浸炭工程の概略

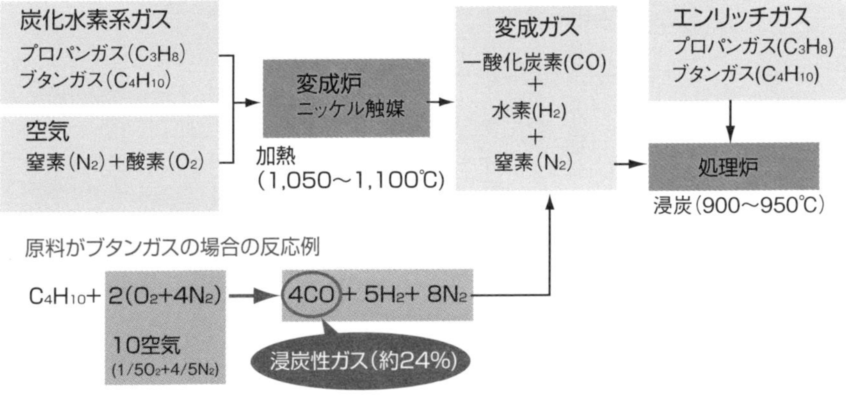

52 浸炭焼入れの実際

浸炭深さと浸炭時間

一般にガス浸炭における浸炭深さ(X㎜)は、浸炭時間(t時間)とハリスの実験式〔$X=K\sqrt{t}$〕から求められます。K値は、処理温度とカーボンポテンシャルに応じた係数です。例えば、カーボンポテンシャルが1%で処理温度が920℃のとき、K値は約0・6となり、この条件で4時間の浸炭処理を行うと全浸炭層深さは約1・2㎜となります。

浸炭硬化層深さは、全硬化層深さと有効硬化層深さに大別できます。全硬化層深さは、硬化層と生地の物理的または化学的性質の差異が区別できない位置までの距離のことで、硬さまたはマクロ組織で判定します。

有効硬化層深さは、焼入れのまま、または200℃を超えない温度で焼戻しした硬化層の表面から、硬さ550HVの位置までの距離のことです。この550HVはJIS G 0557で規定され、金属組織では50%マルテンサイトの硬さとほぼ一致します。有効硬化層深さ(550HV)と一致する炭素量の目安は0・4%の深さですが、実際は処理物の材質、形状、大きさ、焼入条件などによって変わります。例えば材質から見た場合、同一形状・同一寸法であれば、焼入性の良いSCM415の550HVに相当する炭素量は、焼入性の悪いS15Cの場合と比較してかなり少ない位置に該当するため、まったく同じ処理条件であっても前者が有効硬化層は深くなります。さらに同一材質であっても寸法が小さいほど、焼入剤の冷却能が高いほど、550HVに該当する炭素量は少ない位置になります。

浸炭のままの金属組織は、炭素量の多い表面付近はほとんどパーライト組織であり、硬さはほとんど増加しません。硬化のためには浸炭後に焼入れを行います。焼入れ後の基本的な金属組織は、炭素量の多い表層付近でマルテンサイトとなり、炭素量の少ない内部に向かって微細パーライトやフェライトが混在します。

要点BOX

- ハリスの実験式($X=K\sqrt{t}$)が成立する
- 全硬化層深さはマクロ組織で判定する
- 有効硬化層深さは550HVの位置

浸炭深さと浸炭温度および浸炭時間の関係

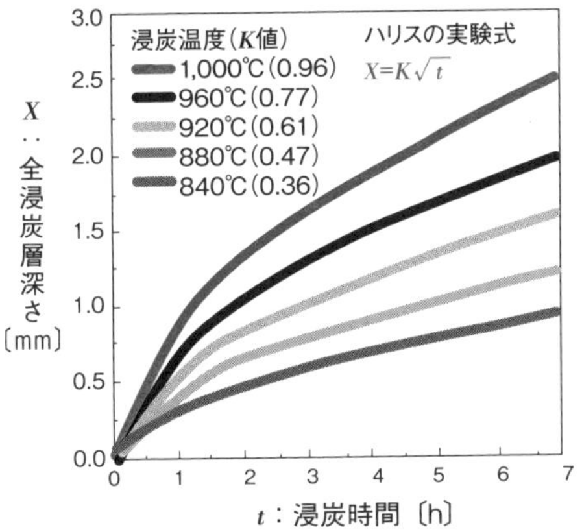

浸炭焼入れの硬さ推移曲線

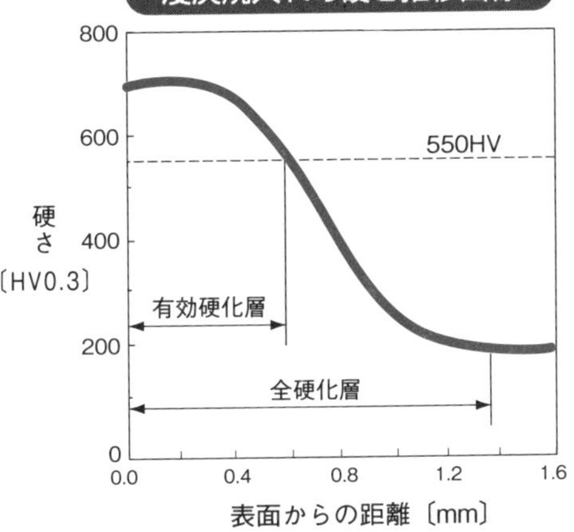

浸炭焼入れした冷間圧延鋼板の断面組織

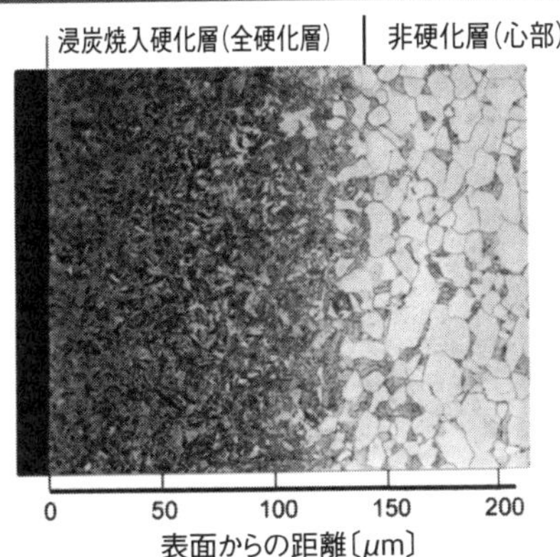

53 窒化と軟窒化処理

広範囲の分野で採用

窒化処理は、ガス、塩浴やプラズマを用いる方法など多くの方法が開発されており、広範囲の分野で採用されています。

①ガス窒化

1923年に開発された方法で、アンモニアガス（NH_3）中で加熱します。処理工程として、500～550℃で所定時間加熱する方法、500～520℃で十分に窒素濃度を高めた後に550～600℃で拡散させる二段窒化などがあります。窒化の主な目的は耐摩耗性の向上です。

②プラズマ（イオン）窒化

減圧した真空容器内で処理物を陰極（マイナス）、真空容器または別電極を陽極（プラス）とし、窒素（N_2）および水素（H_2）ガスを導入し数百Vの電圧を印可します。陰極側で生じるグロー放電でN^+およびH^+イオンを生成し、イオンが陰極である処理物に高速で衝突します。処理物はイオン衝撃によって昇温し、Nは Fe と反応して Fe 窒化物を生成し、さらに拡散して窒化が進行します。

③ガス軟窒化

Nと同時にCを拡散浸透する処理で、主な目的は耐疲労性の向上です。Nと同時にCも拡散することから、一般的な窒化温度よりも高い560～580℃（通常は570℃）で実施します。浸炭性ガスにNH_3を添加した雰囲気が一般的に利用されています。

④塩浴軟窒化

ガス窒化と比較して迅速窒化を目的とした方法で、NaCNO や KCNO などの青酸塩を主体とした溶融塩中で加熱します。独デグサ社で開発されたタフトライドは NaCN と KCNO の混合塩を用いています。

⑤浸硫窒化

耐摩耗性と同時に摺動特性や耐焼付き性の改善を図る目的で、Nと同時に硫黄（S）を拡散浸透する方法です。

要点BOX

●ガス窒化は1923年に開発された
●ガス軟窒化は耐疲労性向上に有利
●塩欲軟窒化は迅速窒化に適している

窒化およびその関連処理の種類

処理法		反応原料
純窒化	ガス窒化	アンモニア〔NH_3〕ガス
	プラズマ窒化〔イオン窒化〕	窒素〔N_2〕+水素〔H_2〕
		NH_3分解ガス〔N_2+H_2〕
軟窒化	塩浴軟窒化	シアン塩〔NaCN、NaCNOなど〕
	ガス軟窒化	NH_3+吸熱型変成ガス〔RXガス〕
		NH_3+メタノール分解ガス
		固形尿素〔$CO(NH_2)_2$〕の分解ガス
		窒素ベース混合ガス〔N_2+NH_3+CO_2〕
浸硫窒化	塩浴浸硫窒化	シアン塩〔NaCN、NaCNOなど〕+硫化物
	ガス浸硫窒化	NH_3+CO_2+H_2S
		N_2+NH_3+CO_2+硫黄〔S〕錠剤

ガス窒化処理工程の概略

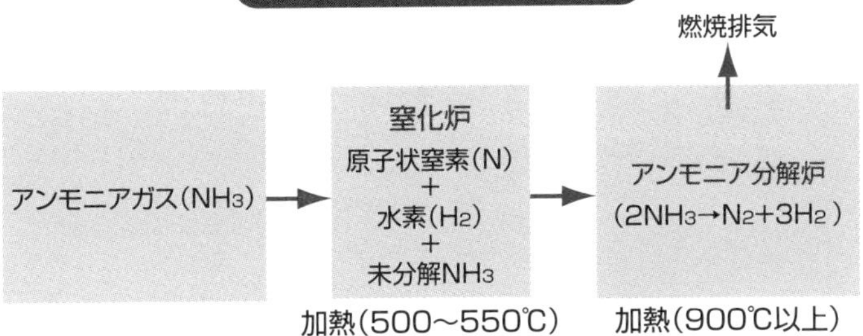

プラズマ(イオン)窒化の基本原理

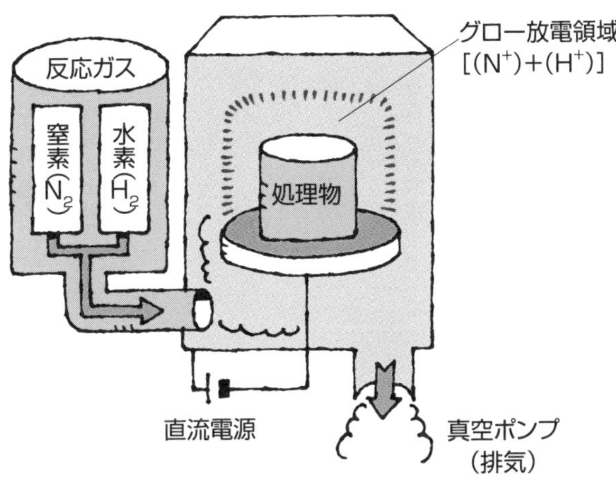

54 窒化処理の実際

鋼中の合金元素が重要

一般的な窒化および軟窒化層は、最表層に化合物層が、その下に窒化物を含む拡散層が存在します。化合物層は、標準的な金属組織現出用エッチング液では溶解しません。そのため、断面組織では最表層に白色層として観察され、その下に濃くエッチングされた拡散層が観察されます。化合物層の組成は処理物の材質や窒化条件に依存しますが、一般に鉄の窒化物(ε-$Fe_{2\sim3}N$、γ'-Fe_4Nなど)となります。

化合物層の最表層において、ポーラス層と呼ばれる黒色粒状物が観察される場合があります。ポーラス層は酸化物や微細空孔が存在し、ガス軟窒化や塩浴軟窒化ではよく発生します。

窒化により高い硬さを得るには、鋼中の合金元素が重要な役割を担っています。高い硬さを得るために最も有効な合金元素はAlで、続いてCrやMoです。これらの元素をすべて含むSACM645は、窒化によって高い表面硬さや拡散層硬さを得ることができます。

窒化はNの拡散であることから、窒化温度は処理条件の中でも窒化層の硬さや深さに大きな影響を及ぼします。窒化温度が高いほど窒化層は深くなりますが、表面のNが内部へ拡散するため表面硬さは低下します。

窒化層深さの測定方法は、JIS G 0562で規定され、硬さ試験と金属組織試験による方法があります。硬さ試験による方法では被検面の硬さ推移曲線を作成し、その曲線から窒化層深さや実用硬化層深さを測定します。金属組織試験は、生地と異なった着色をした部分を表面からの深さとして測定する方法です。

窒化層深さは、窒化層の表面から窒化層と生地の物理的または化学的性質の差異が区別できない点までの距離を表します。実用硬化層深さは、窒化層の表面から生地の硬さ値(HV、HK)より50高い硬さの点までの距離のことです。

要点BOX

- ●窒化に最も有効な合金元素はAl
- ●窒化温度で窒化層硬さ&深さが決まる
- ●窒化層深さの判別法について知っておく

塩浴軟窒化およびイオン窒化した鋼の断面組織

多孔質層（ポーラス層）

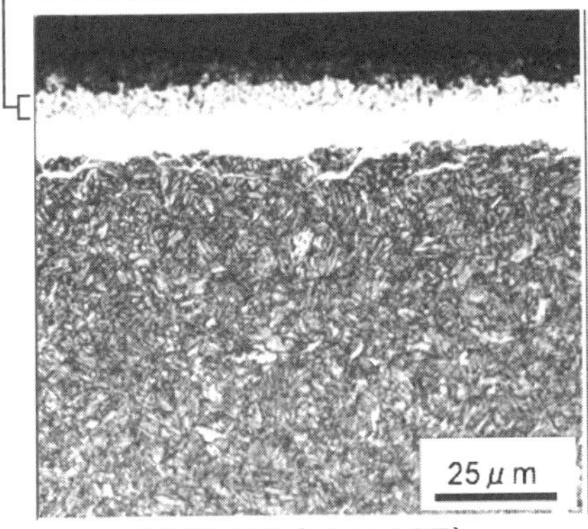

塩浴軟窒化（SCM435）　　イオン窒化（SACM645）

イオン窒化した鋼の断面組織

S15C

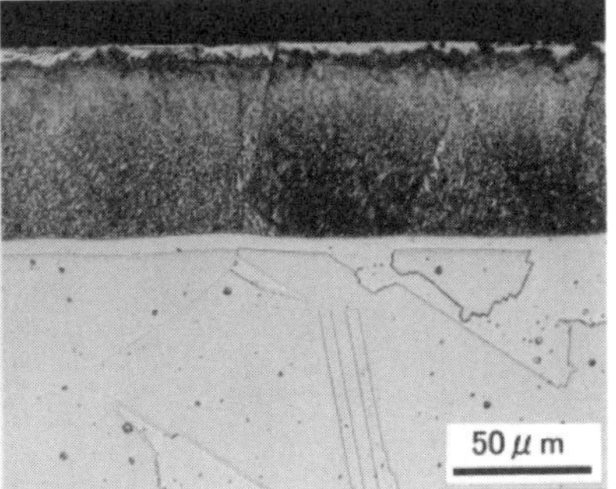

SUS304

イオン窒化した工具鋼の表面硬さ（HV）

鋼種	窒化温度〔℃〕		
	500	550	600
SK105	760～790	710～760	510～540
SKS3	860～900	780～820	500～520
SKD11	1,400～1,430	1,110～1,170	860～940
SKH51	1,450～1,480	1,200～1,250	950～970

処理条件〔処理圧力:400Pa、窒化時間:5時間、反応ガス:N_2/H_2=1/1〕

イオン窒化した各種鋼（調質材）の硬さ推移曲線

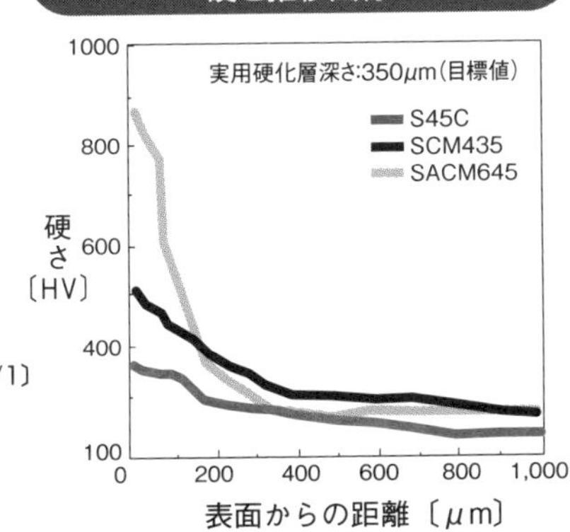

55 浸硫・浸ほう・水蒸気処理

耐摩耗性の付与が特徴

NやC以外の非金属元素を用いた表面熱処理として、硫黄（S）、ほう素（ボロン：B）、酸素（O）の拡散浸透処理があります。浸炭や窒化と比較して適用範囲は狭い一方で、耐摩耗性主体の浸炭層や窒化層では達成できない特徴的な特性を得られることから、鋼製品を対象として利用されています。

①浸硫処理

Sを拡散浸透する処理で、塩浴による電解処理（溶融塩電解法）がよく行われます。塩浴はSを含む溶融塩（NaCNS・KCNSなど）を用い、処理物を陽極（プラス）、金属製ルツボを陰極（マイナス）として190℃で処理します。浸硫層は鉄硫化物（FeSなど）で構成されており、優れた摺動特性や耐焼付性を有します。溶融塩電解法は処理温度が低いことから、処理物は調質品だけでなく、高周波焼入れや浸炭焼入れによる耐摩耗性を付与した後に浸硫処理を実施することが可能です。

②浸ほう処理

Bを拡散浸透する処理で、ほう化処理やボロナイジングとも呼ばれており、耐摩耗性、耐焼付性および耐酸化性に優れた表面層が得られます。処理法は、B粉末を用いた粉末パック法や塩浴法、気体法があります。通常の処理温度は800～1000℃、処理時間は1～5時間で、表面に硬質のほう化物層（FeB・Fe_2Bなど）を形成します。ほう化物の硬さは、その種類によって異なりますが1300～2000HVに達し、浸炭焼入れや窒化処理よりもはるかに高い硬さを得ることが可能です。

③水蒸気処理

ホモ処理とも呼ばれ、鋼を500～550℃の水蒸気中で加熱して表面に四三酸化鉄（Fe_3O_4）を生成する処理です。耐食性、耐酸化性および耐焼付性に優れることから、高速度工具鋼製工具によく利用されます。この酸化物層は緻密なほど望ましいです。

要点BOX

- ●浸硫処理は硫黄を拡散浸透する
- ●浸ほう処理はボロンを拡散浸透する
- ●水蒸気処理は鋼表面に四三酸化鉄を生成する

非金属元素の拡散浸透処理

名　称	処理方法〔処理温度〕	表面層	処理目的
浸硫処理	溶融塩による電解法〔190℃〕 水溶液による電解法〔室温〕	鉄硫化物 (FeS)	耐焼付性 摺動性
浸ほう処理 (ボロナイジング)	粉末パック法〔950～1,050℃〕 溶融塩法〔900～1,000℃〕 流動層法〔900～1,000℃〕	鉄ほう化物 (FeB、Fe_2B)	耐摩耗性 耐酸化性 耐食性
水蒸気処理	水蒸気中加熱〔500～550℃〕	鉄酸化物 (Fe_3O_4)	耐食性 耐焼付性

溶融塩電解法による浸硫処理の概略

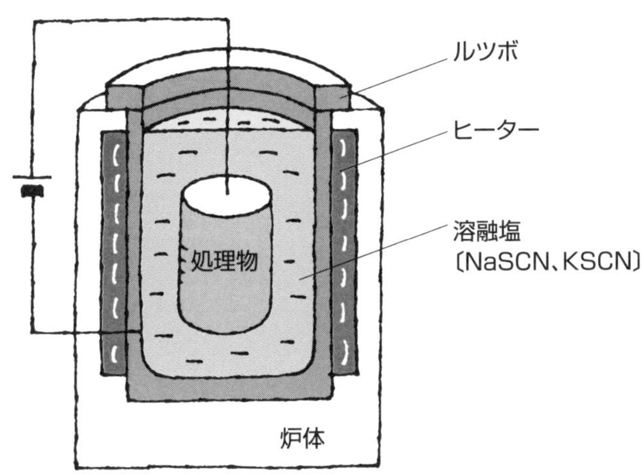

水蒸気処理(ホモ処理)した鋼の断面組織

酸化物層
(Fe_3O_4)
生地
(ソルバイト)
5μm

浸ほう処理(ボロナイジング)したS20Cの断面組織

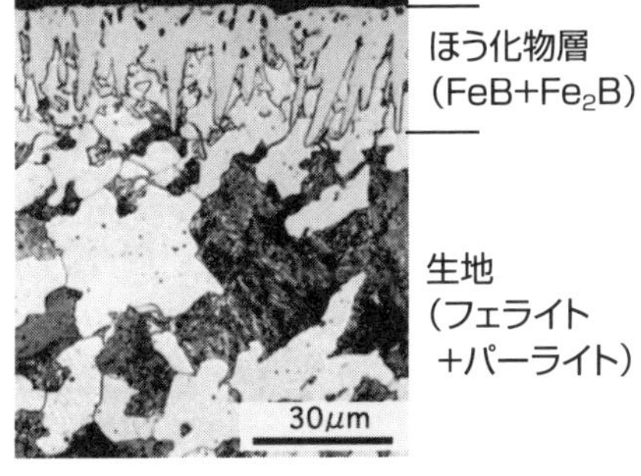

56 金属元素の拡散浸透処理

耐食性や耐熱性の付与が目的

鉄鋼材料に対する金属元素の拡散浸透処理は、耐食性や耐熱性の付与が主な目的です。別名金属セメンテーションと呼ばれ、Alを拡散するカロライジングやCrを拡散するクロマイジング、Znを拡散するシェラダイジングなどがあります。

Cr、V、Tiなど強力な炭化物生成元素が拡散浸透すると、処理物に含有する炭素と反応し炭化物を生成することから、このような拡散浸透処理を炭化物被覆と呼びます。炭化物は高硬度で、耐摩耗性が著しく向上するだけでなく、耐食性や耐熱性も優れることから、金型の表面硬化処理としてよく利用されます。

金属元素の拡散浸透処理法は次の5種類に大別でき、これらを総称してTRD（Thermo-Reactive Deposition and Diffusion）処理と呼びます。

①粉末パック法

金属粉末、焼結防止剤（Al_2O_3）、反応促進剤（NH_4Cl）の混合粉末中で加熱する方法です。

②ペースト法

金属粉末と沈殿防止剤を添加したペーストを塗布し乾燥後、不活性ガスまたは真空中で加熱する方法です。

③めっき加熱法

あらかじめ金属または合金をめっきした後、加熱して拡散する方法です。

④溶融塩法

豊田中央研究所で開発された通称TD（Toyota Diffusion）処理と呼ばれる方法です。純金属の粉末またはフェロアロイを添加した塩浴中で加熱する処理で、金型への炭化物被覆法として利用され、種々の特性に優れたバナジウム炭化物（VC）がよく適用されます。

⑤流動層炉法

金属粉末、反応促進剤（NH_4Cl）、耐火物粉末（Al_2O_3）中に不活性ガスを吹き込み、これらを流動させながら加熱する方法です。

要点BOX
●炭化物被覆は耐摩耗性が著しく向上する
●拡散浸透処理法は5種類ある
●TRD処理とも呼ばれている

金属元素の拡散浸透処理

耐食性が目的→建築部材など
クロマイジング(Cr)、カロライジング(Al)、シェラダイジング(Zn)

耐摩耗性が目的(炭化物被覆)→金型など
- 通称:TRD処理:Thermo-Reactive Deposition and Diffusion
- 拡散元素:V、Ti、Cr、Nbなど炭化物形成元素
- 被覆原理:拡散元素と鋼中の炭素との反応
- 炭化物層:VC、TiC、Cr_3C_2、Cr_7C_3、NbCなど

粉末パック法の概略

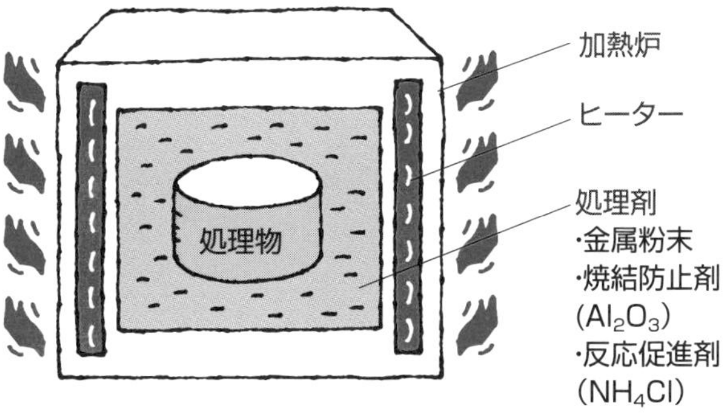

拡散浸透処理した鋼の断面組織

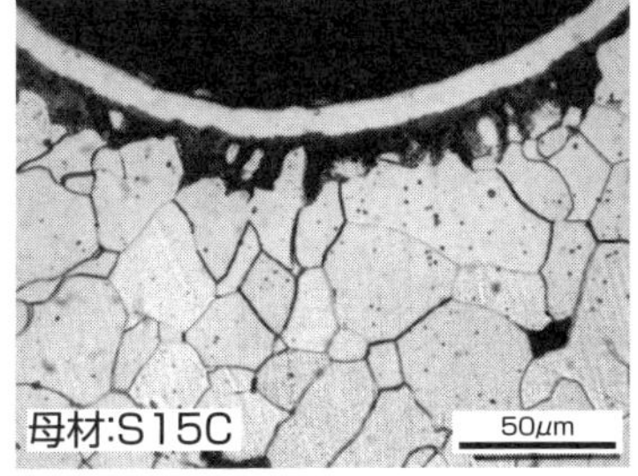

粉末パック法によるCrの拡散浸透

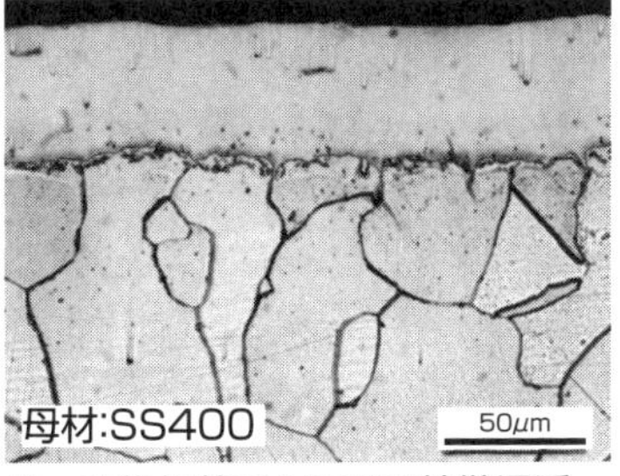

めっき後加熱によるNiの拡散浸透

拡散浸透処理によって得られる炭化物の硬さ

拡散金属	炭化物	硬さ〔HV〕
チタン(Ti)	TiC	3,200~3,800
バナジウム(V)	VC	3,000~3,200
ニオブ(Nb)	NbC	2,600~3,000
クロム(Cr)	Cr_7C_3	1,600~2,000

57 応用範囲が広い表面処理法・溶射

溶射材料と処理物の組み合わせは無限

溶射は、燃焼炎や電気エネルギーを用いて溶射材料を加熱し、溶融かそれに近い状態の粒子を処理物表面に吹きつけて皮膜を形成する方法です。溶射材料として金属、セラミックス、サーメット、プラスチックなど各種材料を適用できます。溶射材料の形態は、線材や棒材、粉末などで供給できます。また、溶射材料と処理物との組み合わせの自由度が高いことから、他の表面処理法と比較して応用範囲は広いです。一方、溶射材料の熱影響により、薄い処理物などは反りや変形などが発生する場合があります。

溶射法は、熱源の種類によってガス式と電気式に大別され、用いる溶射材料や処理物の種類や形態によって使い分けられます。

①フレーム溶射（溶射記号：WF、RF、PF）

アセチレンなどのガス燃料と、酸素による燃焼炎を熱源とする方法です。適用できる溶射材料として、形態は線、棒および粉末、種類は金属、セラミックス、樹脂など多岐にわたります。ただし、溶射材料は燃焼炎の温度の制約を受けます。

②爆発溶射（溶射記号：DF）

酸素とアセチレンなどの可燃性ガスとの混合ガスの爆発燃焼により、溶射材料を溶融加速して皮膜を形成する方法で、密着性の優れた緻密な膜が得られます。溶射材料として、WC―Coを中心としてサーメットや酸化物系セラミックを用います。

③アーク溶射（溶射記号：ES）

連続的に供給する2本の金属線（溶射材料）の先端で発生するアーク放電により溶融した金属粒子を圧縮空気で処理物に吹きつけて皮膜を形成する方法です。

④プラズマ溶射（溶射記号：PS）

高温プラズマジェット中で溶射材料を溶融加速し、処理物に皮膜を形成する方法です。プラズマの温度は大気中で1万℃に達するので、セラミックやサーメット、高融点金属材料の溶射に用います。

要点BOX

- 応用範囲は広大
- ガス式はフレーム溶射／爆発溶射
- 電気式はアーク溶射／プラズマ溶射

溶射膜形成の模式図

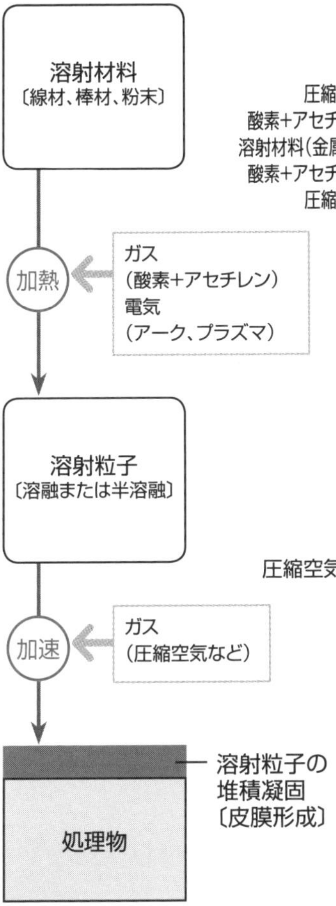

溶射材料
〔線材、棒材、粉末〕

加熱 ← ガス（酸素+アセチレン） 電気（アーク、プラズマ）

溶射粒子
〔溶融または半溶融〕

加速 ← ガス（圧縮空気など）

処理物

溶射粒子の堆積凝固〔皮膜形成〕

溶線式フレーム溶射の概略

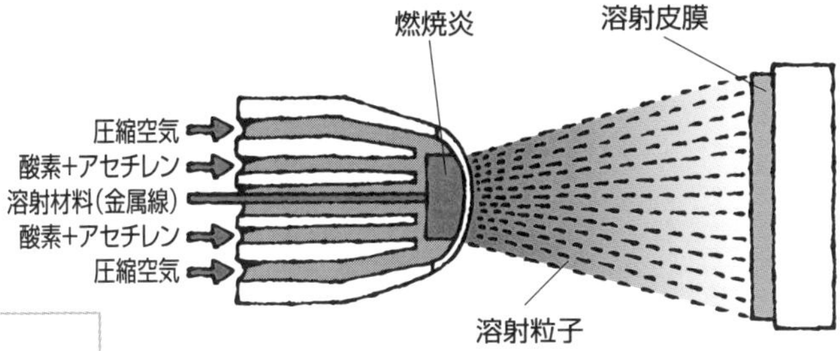

燃焼炎
溶射皮膜
圧縮空気
酸素+アセチレン
溶射材料（金属線）
酸素+アセチレン
圧縮空気
溶射粒子

アーク溶射の概略

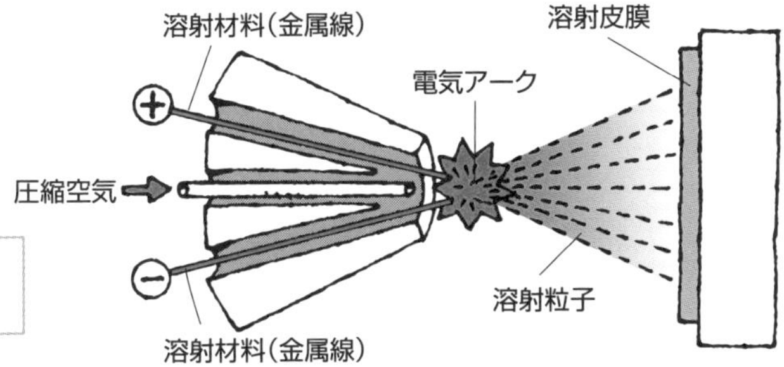

溶射材料（金属線）
溶射皮膜
電気アーク
圧縮空気
溶射粒子
溶射材料（金属線）

ガスプラズマ溶射の概略

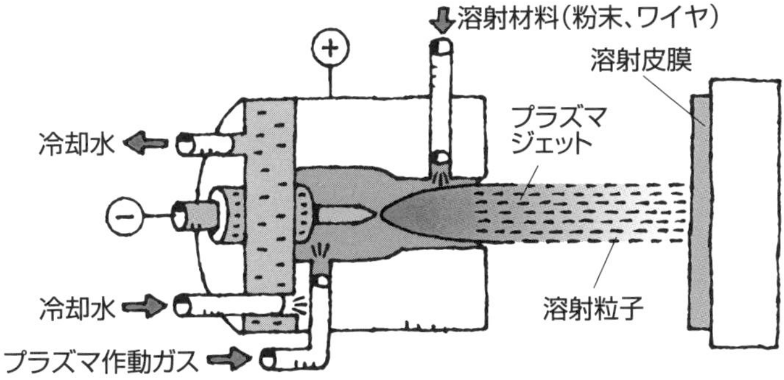

溶射材料（粉末、ワイヤ）
溶射皮膜
プラズマジェット
冷却水
冷却水
プラズマ作動ガス
溶射粒子

58 JIS規定されるいろいろな溶射

耐食・耐摩耗性などの各種機能性を発揮

1940年代、初期の溶射は工芸品や装飾品に用いられていましたが、その後さまざまな溶射法が開発されて膜種も多様化し、溶射はその利用範囲を拡大しています。JISでは金属溶射だけでなく、セラミック溶射やサーメット溶射など種々な溶射皮膜の種類、記号、作業標準などを詳細に規定しています。

Zn、Alおよびそれらの合金溶射は、鉄鋼材料の防錆防食を目的として、大気環境で使用される建造物などによく利用されます。ただし、溶射皮膜は空孔が多量に存在することから、封孔処理を行うことが必要です。肉盛溶射は主に耐摩耗性、耐食性、耐熱性などを付与する目的で、機械部品などに対して行います。溶射後、機械加工を行うことができることから、補修用としても利用されます。

自溶合金溶射は、溶射後に再加熱して溶融する（フュージング）方法で溶射皮膜の密着性が向上し、空孔が低減します。アルミナ（Al_2O_3）などのセラミック溶射は、耐摩耗性、耐薬品性、耐熱・断熱性などを付与する目的で行います。

金属溶射膜の構造を断面組織を観察すると、溶融しつぶれた扁平状の粒子、溶融せずに球状のままの粒子、各粒子表面付近の酸化物、多数の空孔などが含まれることがわかります。

溶射皮膜の性能を十分に引き出すためには、適切な前処理が重要です。また、溶射の種類によっては、後処理によりその性能を発揮する場合があります。前処理には、アンダーカット、マスキング、ブラスト処理などがあります。中でも、圧縮空気などを用いて硬質の研削材（セラミック粒子など）を処理物表面に吹きつけるブラスト処理は必須です。ブラスト処理では、表面の汚染物質の除去と同時に溶射面が粗面化されるので、溶射皮膜の密着性向上に寄与します。後処理として、前述した自溶合金溶射におけるフュージングや防錆を目的とした封孔処理などがあります。

要点BOX

- 金属、セラミック溶射はJISで規定されている
- 肉盛溶射は耐摩耗・耐食性・耐熱性などを付与
- 適正な前処理の実施が重要

JISによる溶射の種類

種　類		記号	適用溶射法	JIS規格
亜鉛、アルミニウムおよびそれらの合金溶射	Zn	ZnTS	溶線式フレーム溶射 アーク溶射	JIS H 8300 JIS H 8661 JIS H 9300
	Al	AlTS		
	ZnAl	ZnAlTS		
肉盛溶射	炭素鋼	MCS	溶線式フレーム溶射 アーク溶射	JIS H 8302 JIS H 8664
	低合金鋼	MLS		
	ステンレス鋼	MSUS		
	特殊合金	MNCr		
自溶合金溶射	Ni系	SFNi	粉末式フレーム溶射	JIS H 8303 JIS H 8665
	Co系	SFCo		
	WC-Co系	SFWC		
セラミック溶射	Al_2O_3系	P-WAO	プラズマ溶射 粉末式フレーム溶射 溶棒式フレーム溶射	JIS H 8304 JIS H 8666 JIS H 9302
	Al_2O_3-TiO_2系	P-AO-TiO		
	TiO_2系	P-TiO		
	Cr_2O_3系	P-CrO		

溶射の作業工程（補修の場合）

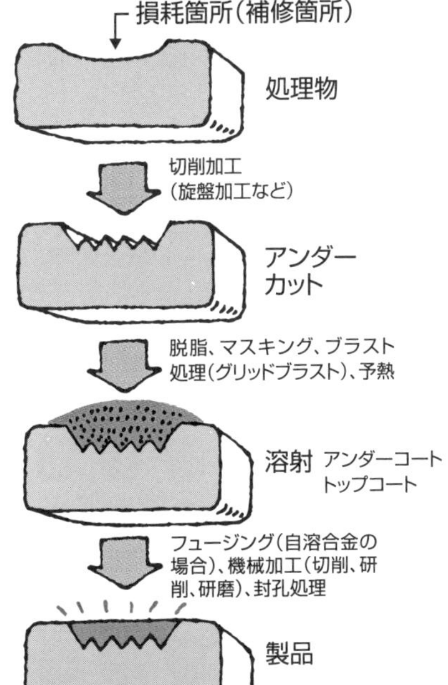

金属（Ni-Cr）溶射した冷間圧延鋼板の断面組織

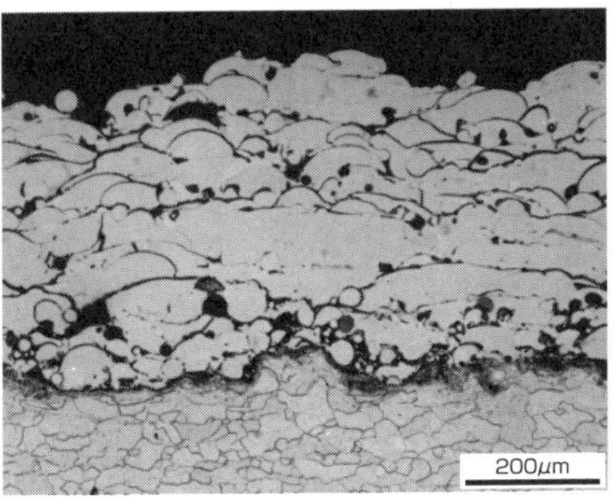

Column

窒素を利用した焼入れ —浸窒焼入れ—

窒素を利用する鋼の表面硬化処理には、53・54項で説明したように純窒化（ガス窒化、プラズマ窒化）、軟窒化（塩浴軟窒化、ガス軟窒化）や浸硫窒化（塩浴浸硫窒化、ガス浸硫窒化）などがあります。いずれも窒素を鋼の表面から拡散浸透し、化合物層と拡散層からなる窒化層を生成するものです。

窒化処理は窒素の拡散現象と析出を利用した処理ですが、一方で近年、炭素のように窒素を鉄に固溶し焼入れする浸窒焼入れの研究開発が盛んに行われ、次世代熱処理技術として工業的に拡大しています。

炭素のオーステナイト（γ）化温度が727℃であるのに対し、窒素は590℃と低くなることから、炭素と比較して低温で焼入れすることが可能です。実際の浸窒焼入れ作業は、窒素のオーステナイト化温度590℃以上で鉄の表面から窒素を拡散浸透し、窒素をオーステナイトに固溶します。その後、焼入れを行うことで、硬い窒素マルテンサイトを鉄表層に生成します。したがって、浸窒焼入れは表面硬化処理法に分類されます。

浸窒焼入れは、浸炭焼入れと比較して低温処理となるため、ひずみを低減できます。また、焼入れにより硬さを得ていることから、窒化処理と比較して低炭素鋼でも表面を硬くすることが可能で、かつ焼戻し軟化抵抗が高いという特徴を持っています。さらに、窒素と水素の混合ガスを処理に用いるため、二酸化炭素の排出がなく環境に優しい熱処理と言えるでしょう。

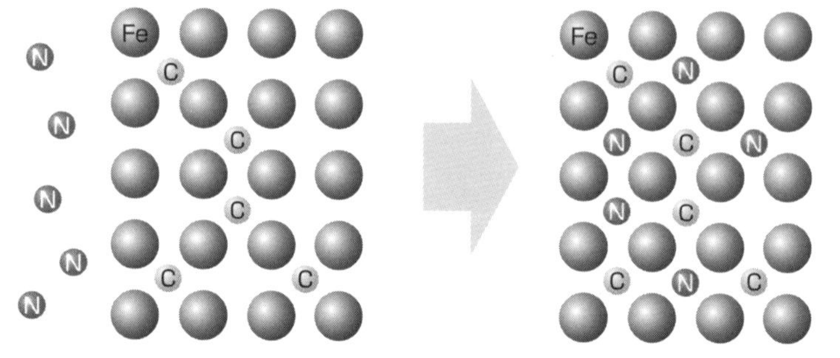

第7章

表面を正しく評価する

59 表面を評価するためには

観察と分析の重要性

世の中にはいろいろな表面処理が存在します。一方で表面処理が存在する以上、その表面を評価する方法も必要です。したがって、世の中には表面処理の目的や用途に応じていろいろな表面評価法が存在します。各表面処理やその技術分野に関連が深い評価法は説明してきましたが、ここではいろいろな表面処理に共通して利用しやすい評価法を、表面物性や分析ごとに分類して紹介します。

表面物性を評価する上で表面性状の確認は必須であり、その基本は「目視」です。目視で大まかな表面性状を確認した後、判断しきれない細かい部分を、光学顕微鏡や電子顕微鏡で観察することが肝要です。

膜や層を形成する場合、膜厚や深さが重要です。光による評価、断面の観察、段差測定、電気による評価など膜厚や組成に応じていくつかの評価法があります。概ねマイクロメートル程度の表面形状・粗さは、表面粗さ計を用いて評価するのが一般的です。さらに細かい形状・粗さのときは通常、白色干渉計や原子間力顕微鏡（AFM）を用います。

強度や密着性、摩擦摩耗特性を評価する場合は、できるだけ使用環境に近づけた評価条件を設定することが肝要です。耐食性・耐候（耐光）性試験は、屋外暴露試験結果などと相対比較できれば効果的です。

表面分析は、主に4つの入力プローブを用いて評価します。頻繁に活用される評価法は赤外分光（FT-IR）です。特に有機材料に対するデータベースが揃っており、まずは試したい評価法です。X線や電子を入力プローブとする場合、構造評価や組成分析、結合状態などいろいろな評価が期待できます。イオンを入力プローブとする場合、構造評価や組成分析などを実施できますが、設備が大掛かりになりやすいのが難点です。なお、電子やイオンを活用する場合は高真空環境下での評価となるのがほとんどで、試料準備に工夫が必要です。

要点BOX

- ●表面性状確認の基本は目視
- ●膜厚測定が重要
- ●目的に応じて分析評価法を使い分ける

代表的な表面物性評価法

物　性	手　法
表面性状	目視、光学顕微鏡、電子顕微鏡
膜厚	光干渉法、蛍光X線法、断面観察、電気抵抗法
表面形状・粗さ	表面粗さ計、白色干渉計、原子間力顕微鏡(AFM)
強度・密着性	硬さ試験、スクラッチ試験
摩擦摩耗	回転試験、往復試験、傾斜試験
耐食性・耐候(耐光)性	塩水噴霧試験、耐液試験、紫外線照射試験

代表的な表面分析評価法

入力プローブ	結晶構造評価	組成分析	結合状態評価
光	―	電子スピン共鳴	赤外分光 ラマン分光
X線	X線回析	蛍光X線分光 X線光電子分光	X線吸収微細構造解析
電子	電子線回析 電子顕微鏡	オージェ電子分光 特性X線分光	電子エネルギー損失分光
イオン	ラザフォード 後方散乱	2次イオン質量分析	―

60 表面を観察する

光学顕微鏡・電子顕微鏡・EDXの用途

処理した表面を目視で観察する際、簡易ルーペなどを利用すると20倍程度まではその場で観察できます。それ以上の倍率で観察・撮影したいという場合は、光学顕微鏡（デジタルマイクロスコープ）や電子顕微鏡を利用することが肝要です。

光学顕微鏡は2000倍程度までの観察が可能です。基本的に、レンズを通して試料からの反射光を観察することになります。また、照射方法やフィルターなどを駆使することで、暗視野や位相差、微分干渉などの像の観察が可能です。さらに、デジタルマイクロスコープなどの自動焦点機能を活用し、表面凹凸像などの計測もできます。

電子顕微鏡は、条件さえ整えば数十万倍までの観察が可能です。一方でその観察像は電子像であることから、原則として高真空下での観察となる、導通を確保する必要があるなどの条件を満たしていなければなりません。電子ビームを試料表面上で走査し、観察像（電子像）を取得する方法を走査型電子顕微鏡と呼びます。電子ビームを試料上の任意部分に照射すると、電子が飛び出てきます（2次電子）。このとき、電子がどれだけ飛び出てきたか（強度）を検出し、任意部分（測定点）の情報とします。続いて隣の点…と電子ビームを走査することで面情報とし、各点における電子強度の濃淡像を描くことができます。

また、任意部分に電子ビームを照射すると特性X線が出てきます。特性X線は、任意部分に存在する元素の種類に応じた波長やエネルギーを有しています。出てきた特性X線の波長やエネルギーを検出することで、特性X線の波長／エネルギー分布像、すなわち元素分布像を描くことが可能です。元素分布像の最大の特徴は、電子顕微鏡像と対応していることです。電子顕微鏡と一緒によく用いられるのは、特性X線のエネルギーを検出する方法であり、エネルギー分散型特性X線分光法（EDX）と呼びます。

要点BOX
- ●光学顕微鏡は2,000倍までの観察に適する
- ●電子顕微鏡は数十万倍までの倍率に対応
- ●特性X線による元素分析を利用する

光学顕微鏡の概略

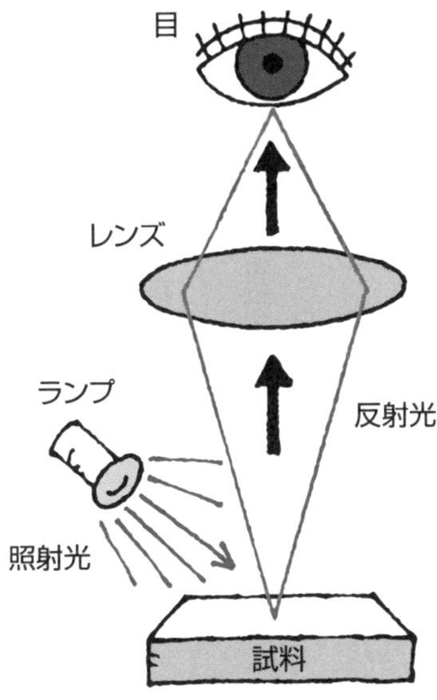

走査電子顕微鏡およびEDXの概略

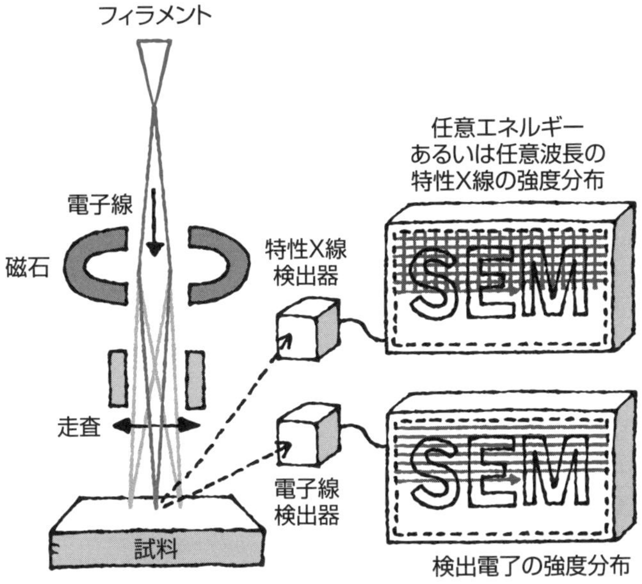

61 極表面を分析する

X線による光電子分光法

処理表面においてその付着性、すなわち物理吸着や化学吸着、ぬれ性、接着性、防汚性などを評価する場合、「最表面はどうなっているのか」を把握することが必要です。ここで最表面とは、表面より数分子層程度の深さを意味します。59項で紹介した表面分析評価法のうち、最表面の評価に適する方法はX線光電子分光法、オージェ電子分光法、2次イオン質量分析法です。入力プローブの異なる評価法ですが、ここではX線光電子分光法を紹介します。

試料にX線を照射すると、光電効果により光電子が飛び出してきます。このとき、飛び出してきた光電子のエネルギー（Ekin）を計測します。X線照射時のエネルギー（hv）より計測したエネルギーを引くと、結合（束縛）エネルギー（Eb）を計算できます。結合エネルギーとは、光電子が光電効果により脱出するために必要なエネルギーで、元素ごとに決まった値を取ります。つまり、飛び出してきた光電子のエネルギーを計測することで結合エネルギーを計算でき、どの元素から光電子が飛び出してきたかがわかる、すなわちどの元素が存在するかがわかるのです。

結合（束縛）エネルギーを横軸に、強度を縦軸にグラフを描くと、測定結果例のようになります。ここで強度とは、光電子がどれだけ飛んできたか、すなわちどの元素がどれだけ存在するかを意味します。次ページ下図より、主成分が多く存在することがわかります。一方、主成分とは異なる成分（生成物）が存在することも判明しています。対象とする元素が何かしらの生成物の場合、生成物の種類に応じて結合（束縛）エネルギーがずれた状態で光電子が飛び出てきます。エネルギーのずれ量を測定することで、どのような生成物が存在するかを特定できます。

光電子が飛び出すことのできる「深さ」は、5〜10原子層程度と考えられています。したがって、X線光電子分光法は極最表面の分析法となります。

要点BOX
- ●X線光電子分光分析は最表面を元素分析できる
- ●光電効果を利用する
- ●化合物の特定に役立つ

XPSの原理の概略

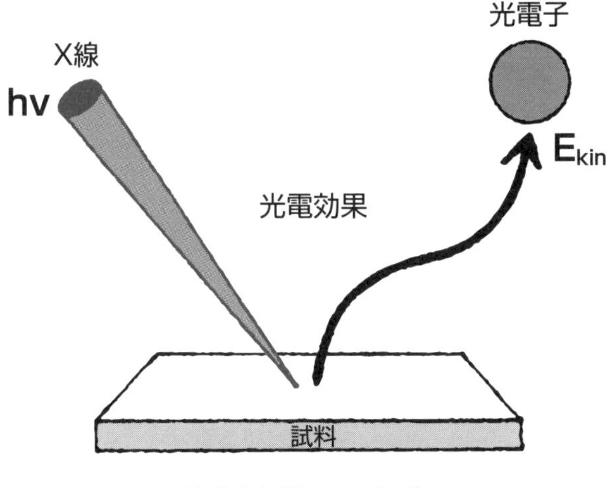

結合(束縛)エネルギー

$$E_b = hv - E_{kin}$$

XPS測定結果の一例

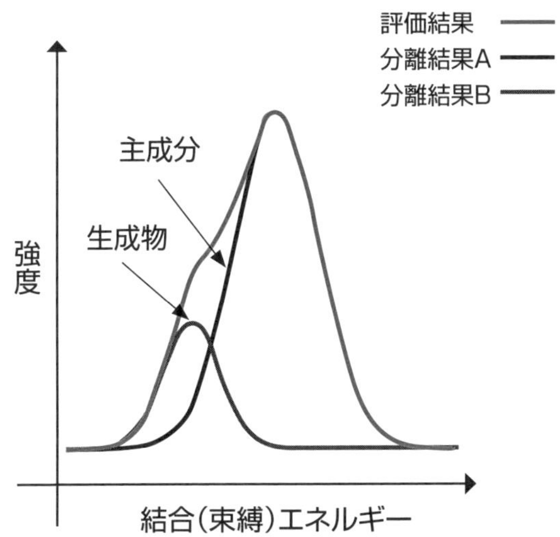

62 表面の防錆・防食

腐食は電気化学反応により起こる

表面処理の目的の一つに、湿式腐食に対する製品の防錆・防食が挙げられます。湿式腐食は以下の5つに分類できます。①全面腐食～均一腐食とも呼ばれ、表面が全面かつ一様に腐食する現象。②ガルバニック腐食(接触腐食)～異種材料の接触部に局所電池が発生し、電気化学反応により腐食する現象。③孔食～表面局部に集中して生じ、ピット状に腐食する現象。④粒界腐食～金属の結晶粒界に沿って局部的に腐食する現象。⑤隙間腐食～ボルト締結部や金属板同士の合わせ目などすきま部より腐食する現象。

これら5つの現象を把握しておくと、腐食が発生した際の対処策を選択しやすくなります。

金属材料の防錆・防食法を選定する上で重要なポイントは「腐食は電気化学反応である」ことです。したがって「できるだけ電気化学反応の発生を防ぐ」、あるいは「電気化学反応を制御する」ことが防錆・防食の基本となります。代表的な防錆・防食法として、材料選択や環境処理、環境遮断、電気防食が挙げられます。これらはいずれも有効な防錆・防食法ですが、一方で「できるだけ電気化学反応の発生を防ぐ」のか、「電気化学反応を制御する」のか組み合わせを間違えると、逆に腐食が促進することも考えられます。

防錆・防食法を選択する際は、どちらの方法に主眼を置くか決めておくことが肝要です。例えば基材表面にめっき膜を形成する際、膜欠陥が存在したとします。基材よりも卑な金属膜を形成した場合、欠陥部より基材が露出していたとしても、めっき膜がなくなるまで基材の腐食は進行しません。これは「電気化学反応を制御する」ことによる防錆・防食です。

一方で基材よりも貴な金属膜を形成した場合、露出した基材から積極的に腐食が進行します。そのため基材が露出しないよう、できるだけ欠陥のないめっき膜を形成しなければなりません。これは「できるだけ電気化学反応の発生を防ぐ」ことによる防錆・防食です。

要点BOX

- 湿式腐食は5つに分類できる
- 腐食イコール電気化学反応
- 「反応を防ぐ」のか「反応を制御する」のかを選ぶ

すきま腐食が発生しやすい箇所

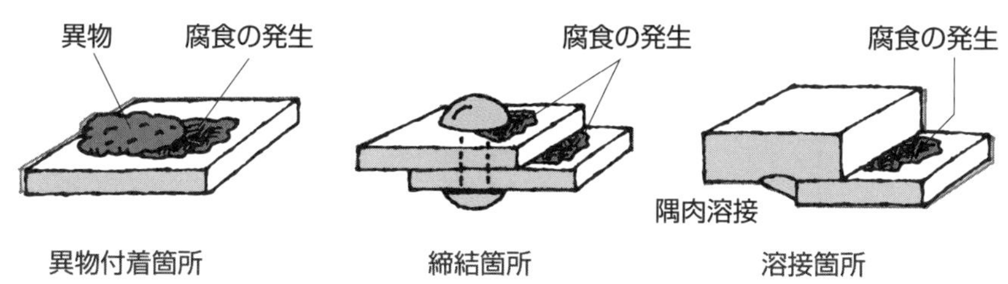

鉄鋼製品に適用される防錆・防食法の種類

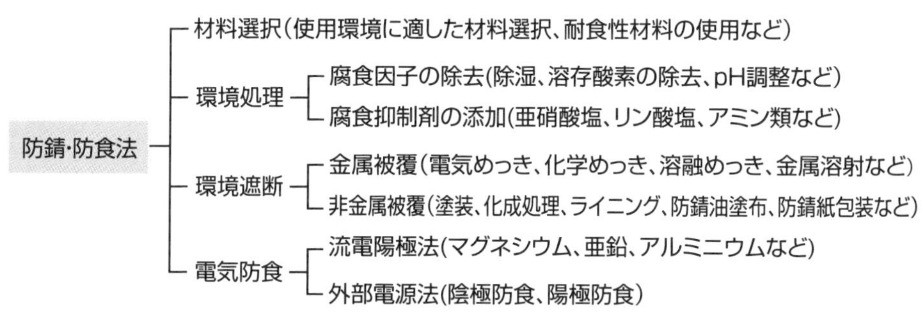

めっき欠陥部からの腐食状況に及ぼす膜種の影響

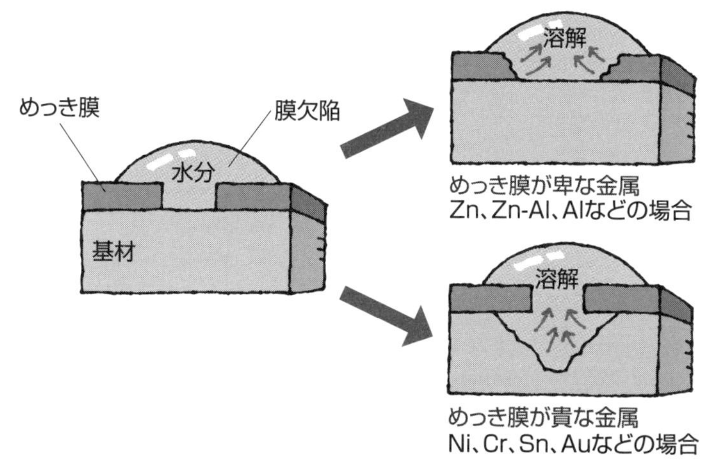

63 表面の光学特性

表面処理は減法混色で

着色、光沢、透過、反射／反射防止（吸収）など、光学特性を付与することは表面処理の目的の一つです。一方で、表面処理により光学特性を付与する場合、いくつかの特徴があります。

色は光源色と物体色があり、表面処理による着色は物体色が対象となります。光源色の場合、光の3原色は赤（R）、緑（G）、青（B）です。これらを混ぜ合わせていくと次第に明るくなり、3色すべてが混ざると白になることから加法混色と呼びます。物体色の場合、色材の3原色はマゼンタ（M）、イエロー（Y）、シアン（C）です。これらを混ぜ合わせていくと次第に暗くなり、3色すべてが混ざると黒になることから減法混色と呼びます。表面処理の場合、原則として減法混色を利用して希望する着色を達成します。

物体に光が当たると、光は物体表面で反射・吸収・透過します。表面処理でこうした特性を付与します。例えば「つやのある表面」とするため、めっき液に光沢剤を添加して表面を平滑化する方法や、「つや出し」のためにワックスを塗る方法があります。表面処理による反射防止が求められる例もあります。反射防止法は概ね2種類の方法が挙げられます。屈折率の低い物質（ふっ化マグネシウム（MgF_2）、酸化けい素（SiO_2）など）をコーティングする方法や、光の入射面を微細な凹凸構造にして反射光を散乱させる方法です。

光の反射と透過を、成膜技術によって制御することも可能です。屈折率の異なる物質を組み合わせ、高精度の膜厚制御によってミラーやフィルターを製造できます。例えばハーフミラー（マジックミラー）の場合、誘電体多層膜タイプは光の損失がほとんどありませんが、入射角や偏光の変化によって光の透過率や反射率が大きく変わります。一方で金属膜タイプは、膜厚制御によって光量を調整することができます。光の損失は大きいのですが、入射角や偏光による透過率や反射率の変化はほとんどありません。

要点BOX
- ●表面処理により光学特性を付与できる
- ●表面処理は減法混色と言われる
- ●屈折率、膜厚の制御が重要

色の3原色

R M Y 白 B C G

R レッド[赤、橙赤]
G グリーン[緑]
B ブルー[青、青紫]

光の３原色[加法混色]

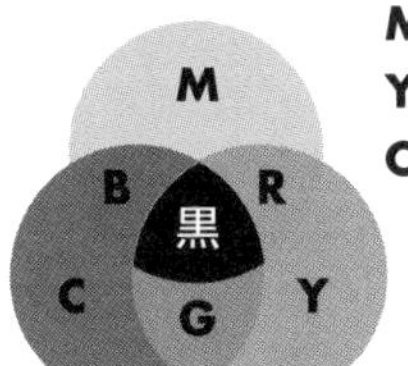

M マゼンタ[赤紫、紅紫]
Y イエロー[黄]
C シアン[青緑、水色]

色材の３原色[減法混色]

表面処理による光の反射防止法

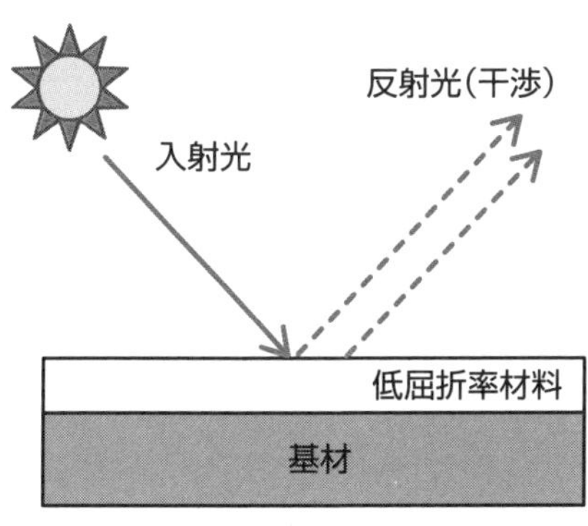

基材との屈折率の違いによる光の干渉を利用して反射防止する方法

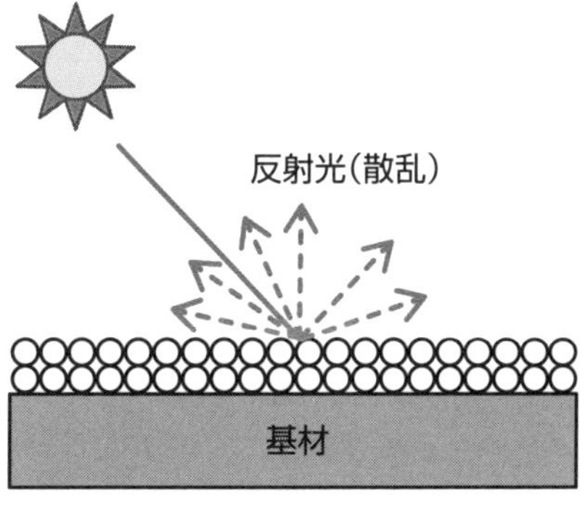

表面を微細な凸凹構造にして反射光を散乱させて防眩する方法

ハーフミラー

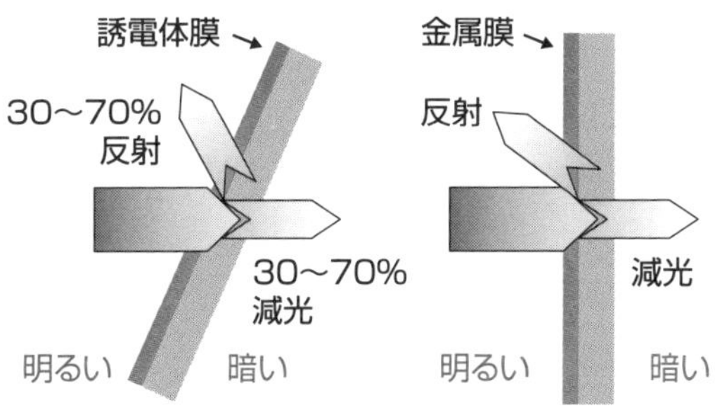

誘電体多層膜タイプ　　金属膜タイプ

64 表面の摩擦を評価する

摩擦と潤滑を使いこなそう

物体同士が摺動する際、接触面に働く力を摩擦力と言います。物体を動かすためには、物体に作用している摩擦力以上の力が必要です。また、摩擦係数とは物体の動かしやすさの指標です。なお、物体が動き始めるときに必要な力を最大静止摩擦力、動いている間に作用している力を動摩擦力と呼びます。

一般に摩擦力の測定は、平面で物体を移動する際に物体に作用している力を測定します。一方、斜面に置いた物体が滑り出す傾斜角から算出する方法もあります。また、硬質膜の摩擦係数と摩耗量を同時に評価できる試験機として、ボールオンディスク摩擦摩耗試験機がよく利用されています。

摩擦力を小さくする方法として、潤滑剤があります。潤滑剤は固体潤滑剤と液体潤滑剤（潤滑油）に分類でき、使用環境や使用状況によって使い分けます。固体潤滑剤は真空中や高温で使用する場合に有効です。主な固体潤滑剤として二硫化モリブデンやグラファイト、窒化ほう素、PTFEなどがあり、スプレー塗布やコーティングによって適用します。潤滑油は、摺動時に安定供給できる環境で効果を発揮します。潤滑油が効果を発揮している間は、理論的に固体同士の接触は発生しません。摩擦力≒流体抵抗力となるため摩擦力は小さく、固体接触による摩耗は発生しません。潤滑油を用いる際は、いかにして固体接触が発生しない摺動条件を見出すかが重要です。

摩擦特性は機械部品や工具の分野で非常に重要な特性であり、潤滑剤が欠かせません。一方、潤滑油などの石油類の省資源対策や地球環境汚染物質の排出規制など、社会的課題も関係します。潤滑剤使用量の低減や後洗浄が容易な揮発性潤滑剤の利用などが検討されていますが、最終目標の一つは完全ドライ化です。摩擦係数を低減すべく、いろいろな表面処理が開発されています。DLC膜関連技術は期待されている表面処理の一つです。

要点BOX
- ●摩擦係数は物体の動かしやすさの指標
- ●潤滑剤は摩擦係数を低くする
- ●表面処理の最終目標の一つは無潤滑化にある

摩擦に伴って物体に働く力

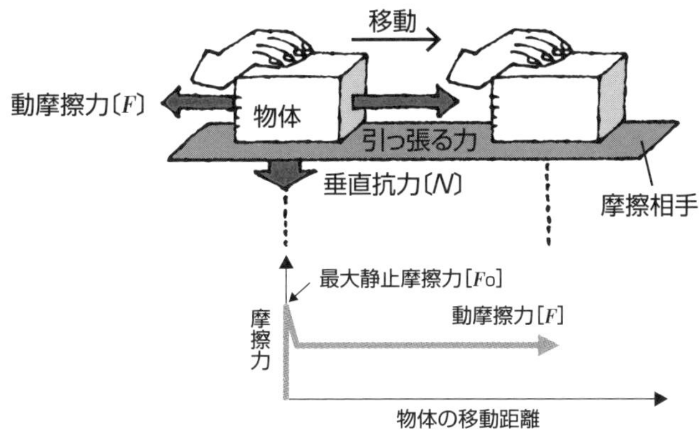

最大静止摩擦力［F_0］＝静止摩擦係数［μ_0］×垂直抗力［N］
動摩擦力［F］＝動摩擦係数［μ］×垂直抗力［N］

傾斜角と摩擦係数の関係

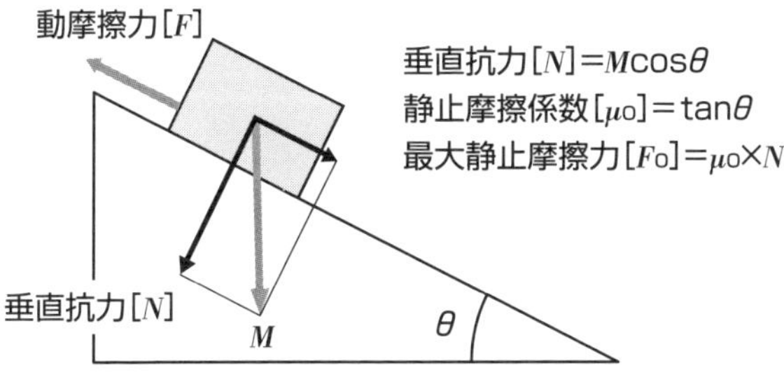

ボールオンディスク摩擦摩耗試験機の概略

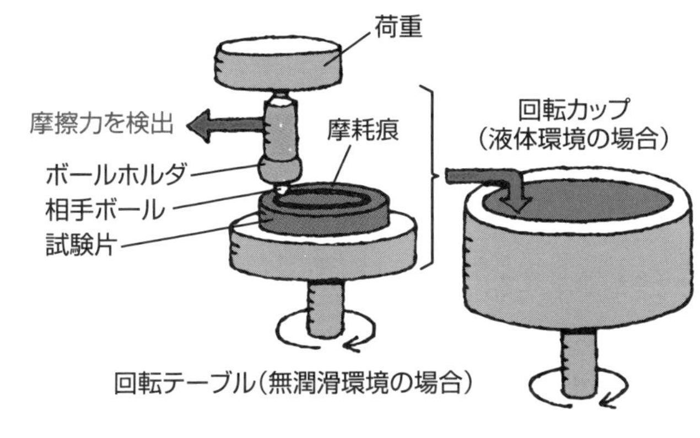

固定した相手ボール（一般にはφ6㎜）を一定荷重（数N）で押しつけて試験片を回転させる。そのときの摩擦力から摩擦係数の変化を測定し、試験後の摩耗痕から摩耗量を算出する

65 表面の摩耗を評価する

4つに分類される摩耗

どのような物体であっても、接触を伴う摺動により必ず摩耗は発生します。一般に摩耗体積と硬さは反比例の関係にあるため、摩耗の防御策として種々の表面硬化処理が活躍します。

摩耗現象は凝着摩耗、アブレシブ摩耗、腐食摩耗、疲労摩耗の4つに分類することが一般的です。なお、実製品の摩耗は分類できない場合が多く、いろいろな影響因子が複雑に絡んでいると考えておいた方がよいでしょう。

①凝着摩耗

固体接触を伴う摺動界面で、接触部の界面強度が基材の強度より高い場合、摩擦力により基材が破壊することで発生するのが凝着摩耗です。固体接触を避ける、界面に保護膜や潤滑剤を介在する、固体同士の相性を改善するなどが回避策となります。

②アブレシブ摩耗

硬い相手面や粒子により表面に損傷を生じるのがアブレシブ摩耗です。この摩耗を防ぐには、研磨材の要因を特定することが肝要です。接触面の結晶構造や外部混入などが研磨材となり得る因子です。研磨材の要因を取り除く表面処理が有効です。

③腐食摩耗

腐食により機械的強度が低下し、表面損傷に至るのが腐食摩耗です。腐食摩耗は反応生成物を特定し、その生成反応を避ける／利用することを考慮した表面処理が有効です。一方、摺動現象自体が反応を促進する側面を持つことに留意しなければなりません。

④疲労摩耗

繰り返しの負荷により内部に微小な損傷が蓄積し、亀裂進展から剥離に至るのが疲労摩耗です。応力集中を軽減する、負荷を小さくするなどが回避策です。

摩耗試験法は、試験片と摩耗相手材との組み合わせにより分類できます。めっき皮膜は耐摩耗性試験方法としてJIS H 8503に規定されています。

要点BOX
- ●接触を伴う摺動では必ず摩耗する
- ●摩耗現象は4つある
- ●表面処理に合わせて摩耗試験法を選ぶ

凝着摩耗の概略

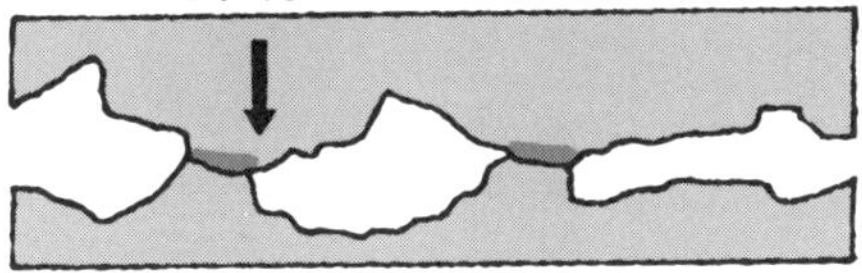

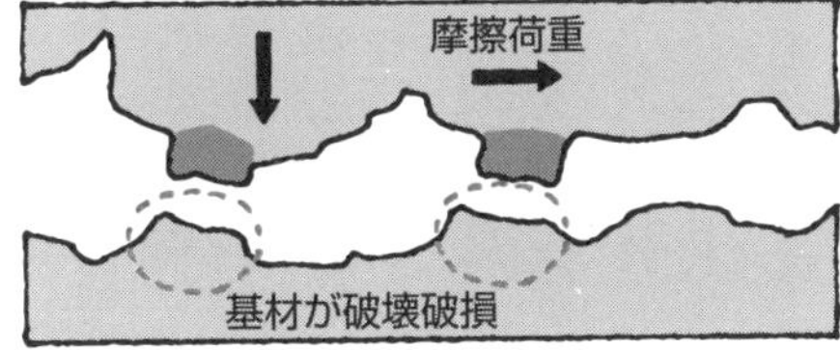

疲労摩耗の概略

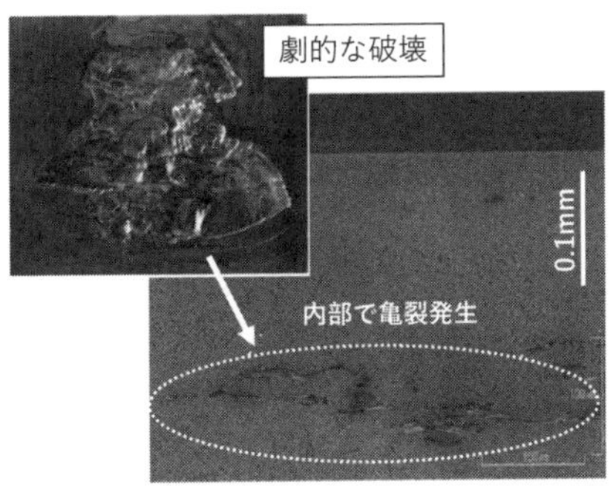

めっきの耐摩耗性試験方法(JIS H 8503)

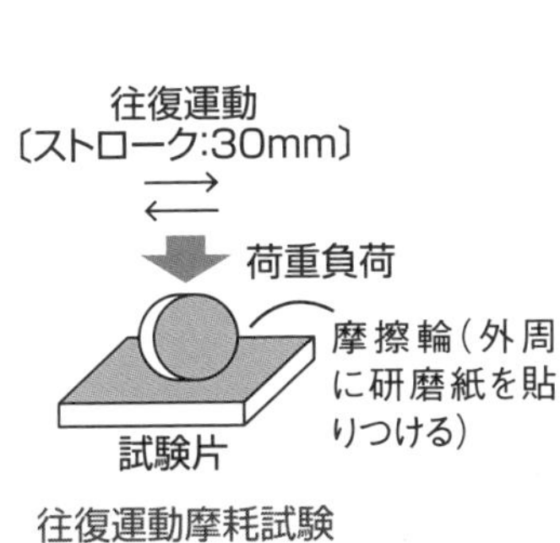

往復運動摩耗試験

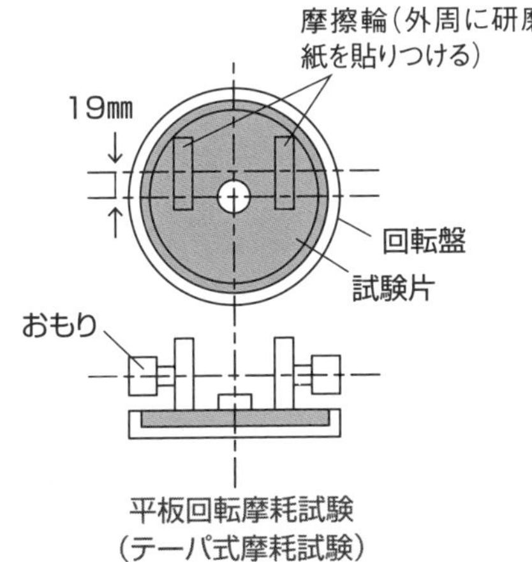

平板回転摩耗試験
(テーパ式摩耗試験)

66 表面のはっ水性・親水性

基本は接触角を測定すること

はっ水性や親水性は水とのなじみやすさのことで、ぬれ性とも呼びます。水滴を物体表面に滴下すると、物体はその表面張力により水滴を拡げようとします。一方、水滴は自らの表面張力により丸くなろうとします。また、物体と水滴の界面に働く界面張力は、水滴を丸めようとします。これら3つの張力の釣り合いにより、水滴の丸まり方が異なります。

このとき、物体表面と水滴の端部がつくる角度を接触角と呼び、大きければはっ水性、小さければ親水性となります。したがって、はっ水性は水をよく弾く、親水性は水がよく濡れることを示しているのです。

一般に、接触角は平面試験片上に滴下した水滴から測定します。接線から直接角度を読み取る方法と、水滴の輪郭を真円と仮定して算出するθ／2法があり、これらを液滴法と呼びます。また、水滴を滴下した平板を傾斜し、水滴が滑り落ちる角度（転落角）、前進接触角、後退接触角を測定する転落角法（滑落法）も採用されています。はっ水化を目的とする表面処理は樹脂系が多く、ふっ素樹脂コーティングが最も一般的です。親水化を目的とする表面処理は、エッチングや紫外線（UV）照射などが一般的です。また、車のミラーや建物の外壁などはコーティングを適用します。

個々の製品の使用状況により、水に対して求められる表面特性は異なります。例えば、車のボディをワックス仕上げする目的ははっ水性です。水垢などの汚れがボディに付着しないよう、水を弾くことを狙ったものです。一方でフロントガラスの場合は、はっ水性と親水性、どちらも用いられます。はっ水性の場合は走行時の勢いで水を積極的に吹き飛ばす、親水性の場合は水流で汚れを付着しにくくする効果を狙っています。ただし、油成分も接触角の概念が通用するため、油性汚れの付着についても留意しておくことが欠かせません。

要点BOX
- ●ぬれ性は表面張力で決まる
- ●水を弾くはっ水性、水が濡れる親水性
- ●ぬれ性評価の簡便な方法は接触角を測定する

3つの張力の釣り合い

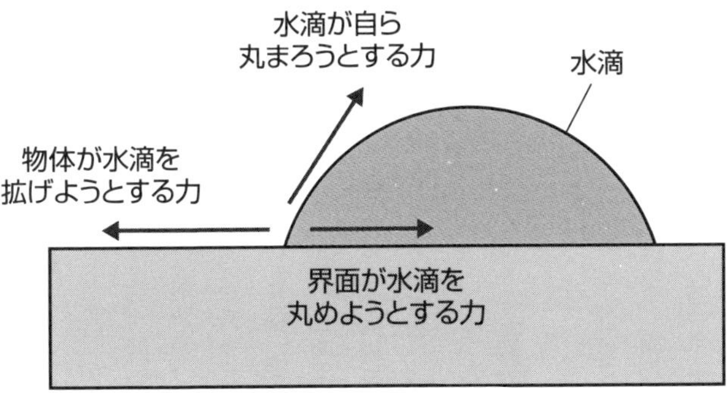

接触角の直接測定

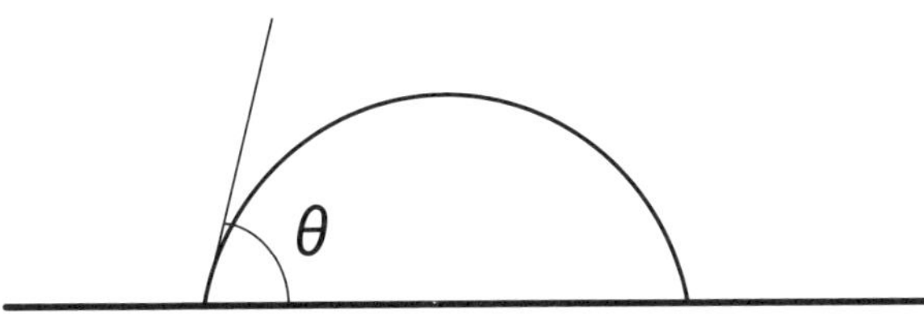

θ／2法による接触角算出

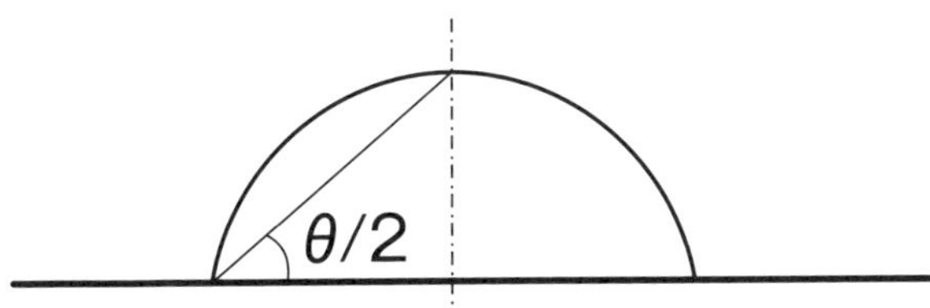

はっ水化または親水化を目的とした主な表面処理方法

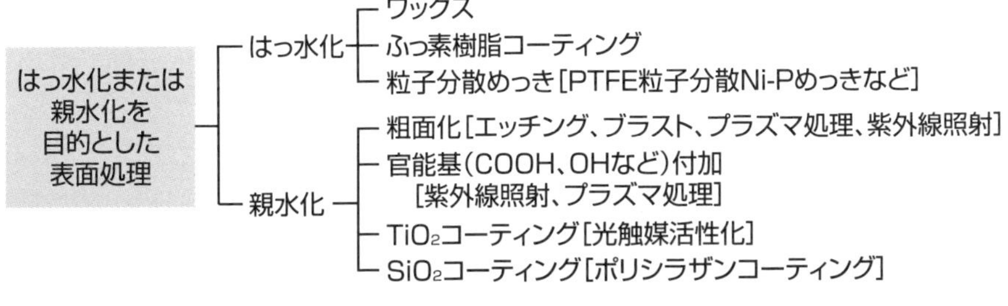

67 不具合が発生したときの対処法

仮説と検証から考える

表面処理を施したとしても、残念ながら製品に不具合が発生することはあり得ます。不具合が発生した場合、原因を究明して対処することは重要ですが、原因を究明すること自体が難しい場合があります。

例えば次ページの写真で示したように、表面に硬質膜を成膜した摺動部品で膜のはく離摩耗が発生したとします。原因を究明するために表面を観察すると、確かに膜のはく離摩耗が発生しています。しかしこの場合、注目すべきポイントは「はく離摩耗」部ではなく、膜の「亀裂」部です。摺動方向に対して垂直に亀裂が入っていることは、膜にとって想定以上の負荷が掛かっていた証拠です。その結果、亀裂の進展からはく離摩耗に至った仮説が成り立ちます。あとは、仮説が正しいかどうかの検証作業となります。

不具合の原因を究明するには、主要因を特定することが重要です。主要因となり得る3つの因子としては破壊・破断（材料強度）、摩耗（トライボロジー）、腐食（電気化学）、が挙げられます。一方で、例えば機械要素で問題となる領域は、それぞれの要因が複雑に絡み合っている場合が大半です。そのような複雑な領域（系）において不具合の原因を究明するには、第一にそれぞれの因子、すなわち破壊・破断、摩耗、腐食のことを「知っておく」ことが重要です。知らなければ原因を究明しようがありません。まずは各因子について、どのような事象・現象が発生するのか、その分類について知ることが肝要です。

続いて、実際の不具合において発生しやすい事象・現象をピックアップし、仮説を立てていきます。仮説を立て終わったら、必要に応じて検証作業を行い、原因に応じた対処策を講じます。なお、不具合の対処策として表面処理により改善しやすい領域は、摩耗や腐食が関係する場合です。一方で破壊・破断が主要因となる不具合は、表面処理ではなく、基材や使用環境に目を向けることが大切です。

要点BOX

- ●原因究明には仮説とその検証が重要
- ●不具合発生時における3つの因子を知る
- ●表面処理で改善しやすいのは摩耗と腐食

硬質膜のはく離摩耗の一例

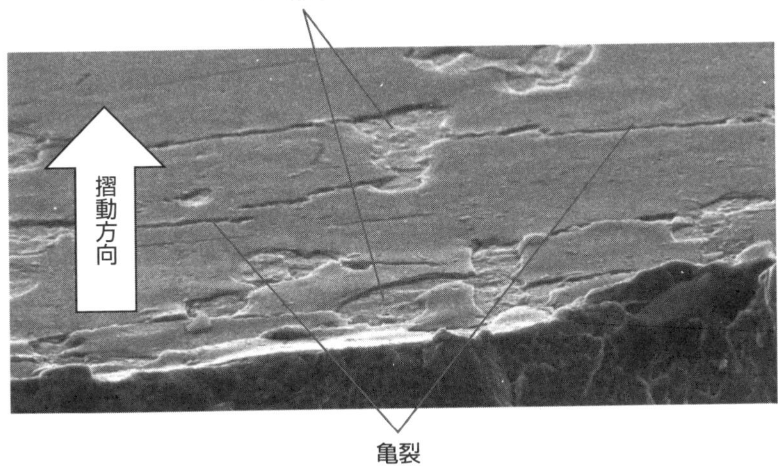

不具合発生時の3つの因子

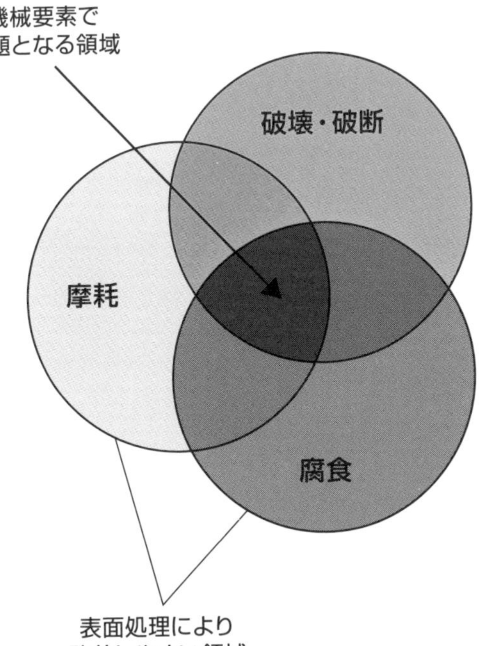

【参考文献】

『表面技術便覧』表面技術協会編〔日刊工業新聞社〕
『トコトンやさしい洗浄の本』日本産業洗浄協議会洗浄技術委員会編〔日刊工業新聞社〕
『トコトンやさしいめっきの本』榎本英彦著〔日刊工業新聞社〕
『トコトンやさしい薄膜の本』麻蒔立男著〔日刊工業新聞社〕
『トコトンやさしい塗料の本』中道利彦・坪田実著〔日刊工業新聞社〕
『表面処理対策Q＆A1000』表面処理対策Q＆A1000編集委員会編〔技術サービスセンター〕
『熱処理技術入門』（社）日本熱処理技術協会編著〔大河出版〕
『金属材料活用辞典』金属材料活用辞典編集委員会編〔産業調査会〕
『トライボロジーハンドブック』（社）日本トライボロジー学会編〔養賢堂〕
『摩擦と摩耗のマニュアル』HEF／CETIM著・桑山昇訳〔泰山堂〕
『よくわかる最新洗浄・洗剤の基本と仕組み』大矢勝著〔秀和システム〕
『表面張力の物理学』ドゥジェンヌ他著・奥村剛訳〔吉岡書店〕

ハ

マ

ヤ・ラ

タ

ナ

索引

ア

カ

サ

今日からモノ知りシリーズ
トコトンやさしい
表面処理の本 新版

NDC 566.7

2023年 8月30日　初版1刷発行

©編著者　東京都立産業技術研究センター
発行者　井水 治博
発行所　日刊工業新聞社
東京都中央区日本橋小網町14-1
(郵便番号103-8548)
電話　書籍編集部　03(5644)7490
販売・管理部　03(5644)7403
FAX　03(5644)7400
振替口座　00190-2-186076
URL　https://pub.nikkan.co.jp/
e-mail　info_shuppan@nikkan.tech
印刷・製本　新日本印刷㈱

●DESIGN STAFF
AD――――――志岐滋行
表紙イラスト―――黒崎　玄
本文イラスト―――小島サエキチ
ブック・デザイン ――岡崎善保
(志岐デザイン事務所)

●
落丁・乱丁本はお取り替えいたします。
2023 Printed in Japan
ISBN　978-4-526-08290-0　C3034

●定価はカバーに表示してあります

●編著者略歴

(地独)東京都立産業技術研究センター
「トコトンやさしい表面処理の本」編集委員会

委員(50音順)
小野澤明良
川口雅弘
桑原聡士
徳田祐樹
中村勲
森久保諭

仁平技術士事務所　所長　仁平宣弘